全民环境教育系列读本

农村环境保护知识读本

刘海林　主编

中国环境出版社 · 北京

图书在版编目（CIP）数据

农村环境保护知识读本/刘海林等主编. —北京：中国环境出版社，2013.1

（全民环境教育系列读本）

ISBN 978-7-5111-0811-1

Ⅰ. ①农… Ⅱ. ①刘… Ⅲ. ①农业环境—环境保护—基本知识—中国 Ⅳ. ①X322.2

中国版本图书馆 CIP 数据核字（2011）第 250439 号

丛书总策划 刘友宾
本辑策划 徐于红 葛 莉 靳永新

出版人 王新程
策划编辑 徐于红
责任编辑 俞光旭 葛 莉
责任校对 尹 芳
封面设计 彭 杉

出版发行 中国环境出版社
（100062 北京市东城区广渠门内大街 16 号）
网 址：http://www.cesp.com.cn
电子邮箱：bjgl@cesp.com.cn
联系电话：010-67112765（编辑管理部）
发行热线：010-67125803，010-67113405（传真）
印 刷 北京市联华印刷厂
经 销 各地新华书店
版 次 2013 年 1 月第 1 版
印 次 2013 年 1 月第 1 次印刷
开 本 880×1230 1/32
印 张 8.125
字 数 200 千字
定 价 26.00 元

《农村环境保护知识读本》

顾　　问：白人朴

专家委员会：王德成　王立东　张建勋　张玉亭
陈宝峰　候云先　杨素娟　郑志安
王卫华　张令先　林　文　侯玉柱
任金政

主　　编：刘海林　王志琴

编 写 组：李兴川　黄　佳　张　伟　王　苒
范宗民　宁国鹏　崔晓晨　刘庆雨
申芳芳　崔文燕　刘秋丽

出版前言

胡锦涛总书记在党的十七大报告中提出“建设生态文明”，使“主要污染物排放得到有效控制，生态环境质量明显改善。生态文明观念在全社会牢固树立”。十七大会议还决定将“建设资源节约型、环境友好型社会”写入《中国共产党章程（修正案）》。这一切充分表明环境保护作为基本国策真正进入了国家经济社会生活的主干线、主战场和大舞台，中国环保事业迎来了空前难得的历史机遇。

盛世环保，教育先行。只有全民环境保护意识普遍提高，社会各界都来关心支持和广泛参与环保事业，困扰人们的环境问题才能得到有效解决。作为国内唯一一家环境保护专业出版社，向广大读者传播生态文明理念、普及环保知识、促进公众参与是我们义不容辞的职责。在广泛调研的基础上，中国环境科学出版社从 2009 年开始全面启动了《全民环境教育系列读本》编写工作，并将其列为全社重点开发的六大产品线之一。《全民环境教育系列读本》力求内容上紧密结合公众了解环保知识的需求，形式上充分照顾普通读者的阅读习惯，简明易懂，清晰活泼，以期对促进生态文明观念在全社会牢固树立发挥积极作用。

经过一年多的努力，这套系列读本终于和读者见面了。系列读本包括《生态文明简明知识读本》、《环境形势与政策读本 2010》、

《企业环境保护知识读本》、《农村环境保护知识读本》、《公民环境保护知识读本》和《党政干部环境保护知识读本》共六册。这些读物在内容上与新时期环保中心工作紧密结合，力求准确反映环境保护事业的新形势、新理念、新进展、新挑战、新成就，努力做到准确、新颖、权威，可读性、实用性强，具有较强的时代特色。

以大型系列读本方式开发面向普通公众的环境教育读物，对我们来说是一次探索和尝试。目前出版的这套读本中难免还会有一些待改进之处，我们希望社会各界广大读者能就今后我们如何把后续读本编写得更好提出宝贵意见和建议，与我们共同努力，使这套系列读本成为名副其实的全民环境教育的精品示范出版物。

中国环境科学出版社

2013 年 1 月

目 录

第一章　农村的环境保护问题

农村环境是农民赖以生存与发展的必要条件，同时，农村环境质量与国家的粮食安全和人体健康密切相关，农业及农村的可持续发展，直接关系着改革开放和社会主义新农村建设事业的成败。

我国的环境保护事业在过去的 20 多年中有了长足的发展，取得了可喜的成绩。但是，农村的环境保护工作相对滞后，存在许多薄弱环节和亟待解决的问题。保护农村环境是关系国计民生的一件大事，已经引起社会各界的广泛关注，并成为全国环境保护工作中的一个焦点问题。

我国农村环境保护的提出，源于农村环境问题的普遍发生并日趋严重化的实际需要，保护农村环境，需要对农村环境问题的产生、发展和日益严重化趋势进行认真分析和研究。

第一节　农村环境问题的产生

一、农村环境问题的历史渊源

我国是一个历史悠久的农业大国，环境问题的产生与发展，毫不例外是与人类活动有着必然联系。

从人类活动对自然环境的影响看，环境问题是与人类的活动足迹相伴而生的。随着人类的出现，先民们为了自身的生存和发展，在与自然界的抗争中，运用自己的智慧和经验，依靠自己的辛勤劳动，不断地适应和改造着自身周围的自然环境，不断创造和改善着自己的生存条件。

人类作为自然界的一员，从诞生那天起，就是自然生态环境物质、能量循环链条中的重要一环，在自然生态系统物质循环、能量流动、信息传递和生态演替过程中发挥着重要作用。

在远古时代，先民们在觅食于自然的同时，又把自己改造和利用过的自然物和各种废弃物还给大自然，使它们重新加入自然界的物质循环和能量流动。随着人类改造和征服自然的能力不断增强，生存和繁殖条件也不断得到改善，人口的数量不断增加，导致人类对自然资源的需求量也随之加大，改造和利用过的自然物也越来越多，面积和规模也越来越大，逐步超出自然界的承载能力，在自然环境中留下了人文活动的痕迹，这便是人类社会早期的生态破坏。

同时，人类返还给大自然的废弃物数量也越来越多，其中的许多有毒有害物质造成了早期的环境污染。自然界的自身修复和净化调节能力存在着一个阈值，超过它就会造成自然生态系统物质循环和能量流动的中断，以及生物群落完整性和稳定性的丧失，影响到其他生物的生存和发展，同时反过来也影响了人类自身的生存和发展。

所以说环境问题是相对人类而言的，当人类给自然界造成的生态破坏和环境污染危及人类自身的生存和发展时，便出现了环境问题。原始社会先民们从引用自然火种到钻木取火的历史过程中所形成的洞穴炊烟便是人类社会早期的环境污染；捕鱼围猎及采集活动造成了人类社会早期的生态破坏。

在漫长的原始社会，由于地广人稀，人们靠采集和渔猎维持生存，虽然对自然环境有所破坏，但完全局限在大自然的承载能力范围之内，采猎活动对环境的影响微乎其微。直到先民们将自然火种引入洞穴，真正意义上的环境问题随着先民们居住洞穴内的第一缕炊烟而出现了，但先民们用来烧烤和取暖所形成的烟雾污染，在当时地广人稀的背景下是完全可以忽略不计的。总的来看，原始先民们面对强大的自然力量，只能是敬畏和恐惧。

随着生产技术的不断进步，工具的利用和不断改进，先民们从采猎走向刀耕火种，逐步学会了种植粮食作物，饲养家禽家畜，过上了定居式的耕牧生活。但随着人口的不断增多，耕地需求不断增加，导致盲目开荒，使大量森林被砍伐、草原被破坏，局部地区出现严重的水土流失、频繁的水旱灾害和沙漠化。

冶铁技术的进步，进一步增强了人们征服自然的能力，兴修水利、构筑城池、频繁征战等引起土壤盐碱化、沼泽化和传染病流行。

在整个农耕文明时期，人类对自然资源的过度利用所造成的最具警示作用的案例是古巴比伦文明和楼兰文明被沙漠所淹没，永远从人们的视线中消失了，留给后人的文明遗迹也仅是几段残墙断壁和几块零散的棺木（图 1-1）。

图 1-1　从人们视线中消失的古巴比伦文明

（引自：www.smartshe.com）

恩格斯在《自然辩证法》[①]一书中说过一段精辟的话："我们不

① 《自然辩证法》：恩格斯阐述自然界和自然科学辩证法的一部著作。由 10 篇论文、169 段札记、两个计划草案，总共 181 个部分组成。全书大致包括自然科学史、自然观史、自然史等方面的内容，马克思主义哲学的发展，对自然科学哲学问题的研究，具有重要的意义。书中的一段话引自《马克思恩格斯全集》第 20 卷第 519 页。

要过分陶醉于对自然界的胜利。对于每一次这样的胜利，自然界都报复了我们……美索不达米亚、希腊、小亚细亚以及其他各地的居民，为了想得到耕地，把森林都砍完了，但是他们梦想不到，这些地方今天竟因此成为荒芜不毛之地”。这时的人们因遭受到大自然的无情报复，开始对环境问题有所醒悟。

二、农村环境问题的日益突出

由于我国工业经济起步较晚，当 20 世纪 50 年代世界上出现第一次环境问题高潮时，新中国刚刚成立，百废待兴，落后的农业经济在我国仍占主导地位，在前苏联的帮助下，工业刚刚起步，环境问题虽已发生但尚不严重，如 1958 年的大炼钢铁和继之而来的开荒造田运动，造成大面积的植被生态破坏等。这时人们对环境问题的认识，在国际环境问题的影响下已有所觉醒。当国际上出现第二次环境问题高潮时，我国的重化工业发展已初具规模，农村乡镇企业异军突起，农业生产中化肥、农药大量使用，由于缺乏科学的施肥用药技术和必要的污染防治手段，环境问题逐步显现并日趋严重，此时，从政府到社会各界，公众环境意识普遍觉醒，环境保护被提上重要议事日程。

目前，我国社会经济发展整体上大致处于工业化的中后期，即重化工业阶段，也是重污染阶段，农村工业是我国整个工业体系的重要组成部分。在国家整个工业化进程中农村工业发展水平相对不高，技术含量低，工艺简单，设备简陋，规模小，多数企业没有污染防治设施，这些企业所产生的废气、废水、废渣多数未经任何处理就直接排入周围环境，造成严重的环境污染和生态破坏。

研究我国农村生态与环境问题，应当从农村社会经济发展入手。新中国成立以来，特别是改革开放以来，我国农村经济取得了长足发展，但在经济增长的同时，农村区域生态环境问题逐步显现，部分农村地区环境污染和生态破坏问题越来越严重，农村地区的干部群众，在初享工业化成果后出现了只重视经济发展而忽视环境保护的思想倾向。导致自然资源利用过度，一些高能耗、高污染和低技术、低成本的工业项目纷纷上马，再加上一些原来位于城市的高污染企业向农村地区转移，给农村地区的生态环境带来较重的压力。

中共中央十六届五中全会提出了建设社会主义新农村的重大历史任务，随着新农村建设热潮在全国的逐步兴起，如何在建设新农村的同时，防治环境污染，尽可能不破坏或少破坏生态环境，做到建设新农村和保护农村生态环境同步，使新的农村面貌与优美的生态环境相和谐，实现人与自然和谐相处的社会主义和谐社会建设目标，避免重蹈西方国家工业化初期重经济发展而轻生态环境保护，最后遭到大自然报复的覆辙，已成了摆在我们面前并应引起高度重视的热点问题。

第二节 农村主要的环境问题

我国是世界上最大的农业国，也是农村人口最多的国家，全国有 3/4 的人口生活在农村。农耕文明历史悠久，人多地少，人地矛盾十分突出。土地、森林、淡水、矿产等资源相对不足，且开发利用强度较大，在资源开发利用过程中，引起一系列生态破坏和环境污染等环境问题。

1. 植被破坏和水土流失严重，林草覆盖率降低，植树种草恢复植被任务艰巨

新中国成立以来，由于毁林开荒、开矿和过度砍伐等种种原因，很多地方不同程度地存在着这样一些现象：年年栽树，不见树，造林面积大，成林面积小，再加上管护不当，乱砍滥伐、盗伐现象严重，人工林和中幼林比例大，林木品种单一，森林生态效益极低。部分低山丘陵区，水土流失严重，致使地力下降、水库淤积、河床抬高，加上多数地区降雨量相对集中，严重的洪涝灾害每年都要发生。我国华北平原区有 8.77 万公顷的古河道在风力侵蚀下，使土地不同程度地荒漠化。我国西南地区石漠化面积进一步扩大，目前已

查明石漠化面积约 12 万平方公里，其中，滇、黔、桂三省区面积达 8.8 万平方公里。据中国工程院测算，石漠化的推进速度是 25 年面积翻一番（刘水玉，等，2007）。所以控制水土流失和土地沙（石）漠化已迫在眉睫，植树种草，恢复植被任重道远。

2．水环境污染和水资源浪费问题十分突出

国家水资源评价结果显示，我国华北、西北属于水资源严重缺乏地区。水资源不足已严重制约了当地的工农业生产和经济发展。地表水污染严重，大部分河流监测断面水质均为劣五类，由于地表水的大面积污染，导致工农业用水转向抽取地下水。大量超采地下水，使地下水位不断下降，地下漏斗面积扩大，地面沉降现象严重，仅邯郸地区就有 5 个较大的漏斗区，漏斗面积达 970 平方公里，给当地群众的生产、生活带来严重隐患。调查发现，黄淮和华北平原地区农村生活用水多是采自 300 米深的地下。目前，在平原地区解决人畜吃水问题基本上是采取打深水井的办法，这样一来带来两个不容忽视的环境问题，一是地下水位的不断下降；二是地表废水容易通过漏斗或废弃机井污染地下水。

平原农区面源污染严重，致使残留在土壤中的农药化肥下渗严重，再加上大量的生产和生活污水未经处理直接排入河道、沟渠、村边、田间所形成的污水下渗，一般在地表浅层 70～90 米深的地下水被严重污染。农村农业用水占总用水量的 80%，农业用水利用率却低于 50%，水资源浪费现象十分严重。大力提倡节约用水，避免水污染，提高水资源利用率，唤醒农民的节水意识，已成为一项迫切而重要的任务。

3．在工业化进程的影响下，产业转移步伐不断加快，导致城市污染向农村蔓延

随着经济的发展和国家出台的一系列建设社会主义新农村和加快小城镇发展的重大战略决策的实施，新农村和小城镇建设已进入

快速发展时期。截至目前，农村和小城镇建设的环保欠账太多，前期项目多数没有环境规划和环境影响评价，环保基础设施不是没有，就是不完善。加上新农村和小城镇建设必然伴随手工业和工业的超前发展和接收大中城市中小型企业向农村和小城镇的转移。工业污染问题必然和产业转移一道跟随而至，加上原有的乡镇企业本来污染问题就比较严重，农村环境问题将日益突出，经济、社会和环境协调发展面临巨大压力。调查发现，凡是工业较发达的乡村，工业污染，尤其是大气粉尘、地表水和噪声污染均十分严重。

4. 土地利用结构不合理，农业生产过程中化学品投入过多，导致土壤有机质下降

如华北某市人均土地面积为 0.144 公顷，低于全国农村人均 0.777 公顷的水平。未能利用的土地占到了全区总面积的 14.32%。近几年，随着经济的发展，建设用地增长速度加快，未能充分挖掘现有建设用地的潜力，土地利用的集约化程度不高，土地面积减少严重。空心村现象普遍存在，造成大量的宅基地浪费。耕地利用过度，超量使用化肥、农药，有机肥使用不足，造成土壤板结，土壤有机质含量下降现象普遍。

5. 农药化肥的过量使用和农膜的不当使用，导致农业环境污染严重

调查发现，我国早已禁止使用的六六六、DDT 等有机氯和有机磷高毒农药随处可见。这些剧毒农药的大量使用和不合理使用，药效利用率较低，农副产品和土壤中有大量的高毒农药残留，不仅引起一系列生态环境灾难，而且严重危害人体健康。

在化肥使用上，缺乏先进的施肥技术和施肥不当及超量施肥，造成化肥大量流失，化肥利用效率仅有 30%左右，农村环境中残留的化肥是水体富营养化的重要原因。由于化肥使用结构不合理，氮、磷、钾比例失调，磷和钾用量不足，土壤有机质含量低，农村畜禽

粪便和有机肥的农业利用减少，造成土壤肥力下降、土壤板结和土质恶化。

在农膜使用上，降解膜使用率低，非降解膜回收率低，加上大量的食品包装回收处理技术跟不上，“白色”污染正在成为农村严重的面源污染问题。大江南北所到之处，“白色”污染无处不在。

6．畜禽粪便和农作物秸秆等农业废弃物资源化利用不当，所引起的污染问题十分突出

调查发现，除个别养猪企业把粪便用来制作沼气外，大部分企业均无污染治理设施，粪便经晾晒后用作农家肥，废水任意排放。养殖场的恶臭气味比较大，给周围居民的生活环境带来严重影响。

7．村落建设缺乏规划，垃圾、废水污染问题普遍

经过改革开放以来 30 多年的快速发展，我国广大农村地区在经济社会发展水平、村容村貌，以及人们的精神面貌等方面都有了较大变化。但随之而来的垃圾污染、废水污染、乡镇企业“三废”污染、烟尘污染、庭院养殖污染、噪声污染、电磁辐射污染以及空心村现象逐步显现。刚刚富裕起来的人们，在吃饱、穿暖之后，盲目追求住房宽敞和奢华，楼房建得很漂亮，但普遍缺乏科学设计和很少考虑生态因素。

8．乡镇企业技术落后，缺乏污染防治手段，工业“三废”污染严重

据统计，我国目前有 2 000 万家乡镇企业分散在全国 4 万多个乡镇和数万个村庄，村村点火，户户冒烟，数量多，规模小，工艺设备落后，技术水平普遍较低。乡镇企业对农村环境的污染表现在矿山开采过程中对植被的破坏及噪声、浮尘对周围环境的影响；生产企业排放的废气对大气的污染；废水对地表、地下水和土壤的污染；废渣等固体废弃物对水体、土壤、植被、农作物带来的污染等方面。

9．过度开采利用矿产资源现象十分普遍，自然生态环境污染和破坏严重

发生在矿产资源利用过程中的问题是：重开发利用、轻生态保护，甚至乱采滥挖，采富弃贫，不仅造成大量的资源浪费，而且造成地层塌陷和水土流失，还容易导致汛期泥石流泛滥，不仅使农田和道路受到破坏，也严重污染地表径流。在我国西南和华北地区，有着丰富的矿产资源，有色金属、钢铁冶炼和煤炭电力工业发达，这些工业企业在为国家和地区的经济发展作出重大贡献的同时，也给当地的生态环境带来了严重污染和破坏，贡献越大，污染和破坏也越重。加上大企业的后向联系效应，矿山开采业的背后是一个庞大的产业集群。如何协调矿产开发和环境保护的关系，怎样引导矿业有序开采和加强管理已成为影响当地可持续发展的关键因素，也是农村环保面临的较为棘手的问题。

10．农村自然生态环境污染和破坏严重

目前，我国农村地区较为突出的生态破坏问题呈立体多维分布状态，大气、水体、土壤、植被等生态环境破坏和污染，在全国各地不同程度地普遍存在，气候变暖导致的阳伞效应、温室效应和厄尔尼诺现象影响下的冰冻、高温、干旱、台风、暴雨、冰雹、酸雨等灾害天气交替发生，外来生物入侵造成生物多样性丧失问题日趋严重，潜在的生态灾难越来越多，严重影响工农业生产和人体健康。

第三节　加强农村环境保护

一、农村环保工作面临的问题

当前，我国农村环境保护工作面临环境污染和生态破坏等环境问题日益严重化的严峻挑战，在全国范围内的环保实践中，普遍存在并较为突出的问题主要有：

（1）干部、群众环境知识缺乏，环境意识淡薄，对环境污染和生态破坏的严重危害性缺乏清醒的认识。

改革开放以来，我国农村经济有了长足发展，灌溉条件的改善，种子的改良，化肥农药的普遍使用，地膜覆盖技术、大棚温室技术等新技术的采用，粮经作物产量稳步提高，在解决农民温饱和奔小康的过程中发挥了积极作用。但是，人们在片面追求经济增长的过程中忽视了生态环境问题，根本就没有意识到自身的生存环境会出现什么问题，环保知识缺乏，有相当多的人没有环境意识，更不知环境污染能给自己带来怎样的危害。

调查发现，有许多基层干部认为环境保护是政府的责任，是环境保护部门的责任，而与别的部门和农民无关，更与自己无关。这种漠视和与己无关的心态在干部群众中普遍存在，可见把保护环境变为全体干部群众的自觉行为，还需要做很多工作。首先要解决认识问题，培养广大干部群众的环保意识，大力普及环保知识，让大家真正认识和切实体会到环境保护的重要性。

（2）农村环境监管缺失，基础环境设施投入不足。农村环保监管力量薄弱。我国绝大多数基层环保机构存在监测能力弱、人员不足、机构不健全的问题。目前，全国 2 016 个县及县级市、38 316 个乡镇，平均每个县环保人员只有十多个人，1/3 的县级环保局没有监测站，环境监测仪器装备陈旧落后。大多数县级环保部门没有开展农村环境监测工作，也没有设立农村环保职能部门，多数乡镇没有环保机构和专职环保人员，多数农村自治组织中也没有环保专管人员。从全国总体情况看，农村环保基本上处于“四无”（无机构、无人员、无经费、无装备）的尴尬境地，“环保咨询无处问，环境污染无人管”的现象在我国广大农村地区普遍存在。大部分县级环保部门尚不能对农村环境质量进行监测、监察和评价。

二、加强农村环保工作的建议

加强农村环保工作，解决农村环境问题，需要在新农村建设进程中，按照中央提出的新农村建设 20 字纲领——生产发展、生活富裕、乡风文明、村容整洁、管理民主的要求，从生产、生活各个环节入手，采取政策、法律、经济、技术、管理、监督等多种措施，建立健全农村环境保护各项制度，完善体制机制，因地制宜，选择科学合理、符合当地实际的综合策略。

1．制定和完善农村环保法律、法规和政策体系，创新农村环境管理和污染防治机制

（1）完善农村环境保护法律体系。结合农村环保实际，在现行法律、法规中增加有关农村环境保护的内容，原则性与灵活性相结合，相关规定要有针对性和可操作性。如在我国《环境保护法》中，明确提出各级政府应加强农村环境污染防治工作，对化肥、农膜、农业废弃物的环境管理作出原则性规定，使这部环保大法涵盖农村领域，使之成为我国环境保护的基本法律。同时，在环境保护基本法律的框架下，逐步完善农村环境保护的政策、法规、标准体系，出台土壤污染防治法、畜禽养殖污染防治条例、农村环境保护条例、农村和农业环境监测、评价标准等法律、法规和部门规章，把农村环保纳入法治轨道，使农村环保有法可依。

（2）探索新型农村环境管理和污染防治机制。①完善农村环境管理制度。环境管理职责不清是目前农村环境污染、生态破坏不能得到有效遏制的主要原因。因此，首先要明确各级政府在农村环境保护中的管理职能，建立农村环保综合协调机制和各项规章制度，实现以环保机构为主，发展改革、农业、林业、畜牧、水利、国土资源等部门共同参与，明确责任，各司其职，分工协作，互相配合，不断提高环保管理水平。尽快建立能够全面反映经济社会和生态环境全面协调发展的县、乡、村政绩考核和评价体系，把农村环保作为对干部政绩考核的硬性指标，作为干部选拔、任用和奖惩的重要依据。建立环保问责制，对环境违法问题处理不力甚至采取地方保护干扰环保执法的，追究有关领导和人员的责任。严格环境执法，尤其是要严格执行我国《环境影响评价法》规定的“三同时”制度，严防污染企业从城市向农村转移，保护农村的生态环境安全。②积极探索农村环境污染防治新机制。目前我国农村的环境污染防治主要还是以行政手段为主，其弊端在于只有政府主导，缺乏群众参与、支持和监督。政府在处理发展与环保的关系问题上，往往以牺牲环境来换取经济的发展。因此，应逐步建立以经济手段和法律手段为主，以行政手段为辅，利益关系人广泛参与的污染防治机制。重视利用经济、财政、税收、价格等间接调控手段，积极引导农业生产和农村工业企业开展清洁生产，源端以 “防”为主，以“治”为辅；末端以“治”为主，以“防”为辅，防治结合，把污染防治、环境保护理念，贯穿到工农业生产全过程中，注重资源节约和循环利用。建立和完善生态补偿、排污收费等制度，加强农村生态功能恢复和保护，逐步建立农村环境保护的市场化机制。③完善环境信息公开和公众参与制度。逐步建立和完善农村环境质量信息公开制度，积极引导农村居民参与环境管理和决策。以政府环保部门为主要力量，加强对农村地区中小企业的排污状况、农业生产污染和村镇居民的生活环境污染状况的信息公开，建立一套通俗明了，且适合于广大农民了解环境信息的模式，使他们了解周围环境问题产生的根源及危害，采取必要的防范措施。同时，针对重大的建设工程和环境污染防治项目，要积极引导社会公众参与决策，加强对环境污染防治的宣传教育，促进农民和农村基层组织自觉参与到环境保护工作中来，身体力行保护好自己的生存环境。

2. 加大资金投入，提高农村环境保护能力和基础设施建设水平

目前，农村生态环境保护的最大“瓶颈”是资金投入问题。要解决农村环境污染问题就必须加大资金投入力度，逐步完善农村环境保护公共产品和环境污染防治设施建设。中央和地方财政预算应拿出一定资金设立农村生态环境保护专项基金，用于加强农村环境保护和农村环境综合整治，实行城市反哺农村、工业反哺农业的新型农村环保投资机制。逐步建立社会多元化的投融资机制，引导公众积极参与到农村环境保护事业中来，对一些重大环境保护工程，可以采取财政补贴、信贷支持、税费减免等方式积极吸引民间资本、外资参与共同保护和开发，逐步形成政府主导，多元投资，企业经营的市场运行机制，充分发挥农村环保的市场机制作用。

3. 强化环保知识普及教育，提高农村干部群众环境保护意识

从总体情况看，农村环保知识普及教育十分落后，多数群众了解的环保知识不多，环境意识不强，环保自觉性较差。富裕起来的农民，普遍关心自己及家人的身体健康，但因缺乏环保知识，不知道自己的生产、生活行为哪些符合环保要求，哪些不符合环保要求，但主观上已经有了改善和保护自己生存环境的强烈愿望。

农村环境保护工作需要全社会共同努力，环保知识普及程度直接关系着干部群众环保意识的高低。因此，应该充分利用广播、电视、报刊、网络等媒体手段，开展多层次、多形式的舆论宣传和科普宣传，面向基层领导、面向企业、面向全社会，广泛开展环保知识普及教育，宣传环境道德、生态破坏和环境污染案例，进行警示教育活动，大力宣传国家关于环境保护的方针政策、法律法规，努力提高各级领导和村镇居民环保意识，增强他们保护环境的自觉性和责任感，使其能自觉行动起来积极参与环保行动。不断强化各级领导干部的环保意识和企业保护环境的责任感。积极引导农村居民从自身做起，自觉培养健康文明的生产、生活习惯，养成健康的消费方式，将保护和改善环境的愿望转化为保护环境的实际行动。

4. 发展生态产业，推进农村产业集约化经营

积极发展生态农业，推进农业产业化经营。农业生态系统作为一种半自然半人工的生态系统，生态规律和经济规律在同时发挥作用，自觉保护农业资源，采用符合环保要求的农业技术手段，使农

业生产体系渗透到自然生态循环系统中，生产出安全的农产品，是现代农业的基本要求和发展方向，也是解决目前农村环境污染的有效途径之一。我国农业发展正处于一个关键的时刻，一方面农村环境污染严重，化肥、农药高投入的发展模式不可持续。另一方面我国农业的集约化水平还很低，农产品缺乏竞争力。为此，需要积极转变发展模式，适应世界农业生态化、绿色化的趋势，走适合我国国情的生态农业发展道路。

5．加大科研投入，开发适用的农村环保技术

各级地方政府、环保科技部门要注重研究开发农村环境综合整治的实用技术，加强分类指导、试点示范，分步推广。因地制宜地探索低成本、高效率的农村污水、垃圾处理技术。环保、农林、科技等部门要加大对农村污染治理技术的研发、创新和推广服务力度，并把这一工作纳入各个部门的职责范围，示范带动，不断总结推广各种实用技术。要加快现有成果的转化、推广，特别是针对不同地区的环境特点，选择成本较低，又能被群众较快掌握的环保技术的推广应用。把畜禽养殖污染治理、秸秆等废弃物综合利用与循环经济建设有机地结合起来，实现农村生活污水的生态化处理，粪便、垃圾、秸秆等废弃物的资源化利用和无害化处理。

大力发展可持续农业新技术，提高农村环境污染防治的技术保障。一方面，要提高农业生产标准化水平。完善农业标准体系，围绕农业生产的各个方面，出台有关标准和技术指南，减少农业生产中化肥、农药和除草剂等化学品的滥用；另一方面，要推动技术创新，如精准农业、平衡施肥技术、田间综合管理技术、节水农业技术等，应加大这方面的科研投入，将农村面源污染控制技术研究列入国家科研重点支持目录，提高相关领域的科研水平，支持农业科研部门研制开发高效疫苗、低毒低残留农药和兽药以及复合、缓释肥料，研制安全、无污染饲料添加剂新品种和精确施肥技术。在政策上应将环境友好型农业技术和污染控制技术纳入环保产业目录，享受环保产业优惠政策，推动农业环境技术创新。

6. 重视区域规划，奠定农村可持续发展基础

区域规划作为一种区域发展调控的手段，对区域经济发展、环境保护、资源开发和基础设施建设等重大问题具有重要的政策导向。从发达国家的经验来看，他们非常重视规划对区域发展的调控作用，如日本的国土综合规划、德国的村庄更新规划、英格兰的乡村规划等，均对促进农村地区的经济发展、就业和生态环境改善起到了显著的作用。而我国目前的规划体系对于区域性的综合发展较少涉及，因此，应根据国家经济发展和当地自身发展的需要，从地域整体资源和经济发展的实际出发，按照自然与经济协调发展的客观规律，对城乡区域内的经济发展、环境保护和项目建设统筹考虑，编制统筹城乡发展一体化的区域规划，对缩小城乡差距，促进农村可持续发展，具有重要的现实意义。

7. 协调城乡发展，落实城市支持农村的战略

促进城乡经济协调发展，既是建设社会主义新农村的主要内容，也是构建和谐社会的难点和重点。农村和农业发展，关系到国家的长治久安，事关全面建设小康社会宏伟目标的实现。然而，长期以来受“二元体制结构”的影响，农村社会经济发展落后，农业集约化经营水平低，农民人口多、基数大、收入少，农村在为我国的工业化进程作出巨大贡献的同时，长期的粗放型发展模式积累了众多的生态环境问题，仅仅依靠农村自身的能力很难解决。“三农”问题是我国经济社会发展和全面建设小康社会的“瓶颈”，短时期内很难突破，再加上农村严峻的环境问题，使“三农”问题正在演变为“四农”问题。因此，必须从政策和制度上向农村倾斜，打破“二元”经济社会结构的束缚，统筹城乡经济和社会发展，实行“工业反哺农业，城市支持农村”的协调发展战略。

第二章　村落环境问题的危害与防治

村落是农民繁衍生息的主要生活场所，房屋、院落、道路、水井、磨房、菜窖、畜禽圈舍、手工业作坊等是农民生活环境的基本构成元素，以村、庄、屯、窑、寨、岗、坝、洼、沟、坎、岸、台等形式广泛分布在祖国大地上（图 2-1）。农民在修建房屋、院落，修筑井台、道路等营造自己的生活环境过程中和日常生活活动中对居住地的生态环境造成不同程度的污染和破坏。村落环境污染和生态破坏程度发展到危及人类健康，影响和制约人类社会的发展时，所谓的环境问题便产生了。

图 2-1　太行山怀胞中的小山村

村落环境问题主要指村落环境污染和村落生态破坏两个方面。污染和破坏是两个相对的概念，环境污染必然破坏生态，生态破坏也必然污染环境。村落生活环境的污染主要来自垃圾、废水、畜禽粪便、农作物废弃物等方面；村落生态破坏体现在植物减少、大气、水体、土壤生境的污染和破坏等方面。

改革开放以来，我国广大农村地区经过 30 多年的发展，不论是经济发展，还是社会进步，也不论是村容村貌，还是人们的精神面貌都有了较大变化。但是，村落建设缺乏规划、建筑紊乱、街道不整、空心村现象普遍，造成大量宅基地浪费。生活垃圾数量日益增大、乱倒乱扔和小作坊式生产垃圾、建筑垃圾随意堆存或处置现象较为普遍。随着自来水的普及，村民生活用水量逐渐加大，生活污水缺乏排放和处理设施，生活污水和洗浴、理发染发等废水与养殖业废水相混合沿街漫流，直接或间接排入河、塘、沟、坎或田头地角，与随意抛弃的生活垃圾相混杂，形成臭水塘（池）、臭水沟。庭院畜禽散养或圈养十分普遍，人畜禽混杂居住现象较为严重，部分庭院养殖规模较大，畜禽粪便和废水处理不当，或沿街堆放，或沿街晾晒。

刚刚富裕起来的人们，在吃饱、穿暖之后，盲目追求住房宽敞和奢华，住房翻建几乎是每 10 年一次（图 2-2），有的先富起来的农户楼房建得很漂亮。但从整体情况看，普遍缺乏科学设计和很少考虑生态因素。农村能源发展到以煤为主，柴草为辅的阶段，厨房卫生、排烟设施较差，每年都会有煤气中毒致死案例的报道。噪声污染、电磁辐射污染等在广大农村不同程度地普遍存在，对村民身体健康构成不同程度的危害。

图 2-2　豫北平原农村砖混结构的水泥平台式民房

第一节 村落垃圾污染的危害与防治

生活、生产垃圾是村落生活环境中的主要污染源，垃圾污染在全国农村普遍存在，一是随着农民生活水平的不断提高，农村生活垃圾发生量越来越大；二是多数农村对突如其来的垃圾没有统一堆存设施，清运处理不及时，没有无害化处理设施和技术，导致村落环境中的垃圾越积越多，多数村庄房前屋后、田头地角、街道两旁、沟渠池塘等场所抛弃的垃圾随处可见，部分农村村落环境中历年积存的垃圾堆越堆越大，污染十分严重。垃圾污染防治，在多数村庄没有引起足够的重视，部分条件较好的村庄虽然成立了清洁队，但也仅仅是将村内的垃圾统一拉到村外倒入河道、路边或荒滩荒地。从整个农村垃圾处置情况看，绝大多数村庄垃圾资源化利用和无害化处理工作尚未开展，多数村民垃圾污染防治意识不强。

垃圾，也叫固体废弃物，是人们在生产、生活中扔掉或弃置不用的固体、半固体废物。村落生活环境中的垃圾，既有村民的生活垃圾，也有小作房、小工厂的生产垃圾，还有畜禽粪便和农作物秸秆、农业生产资料包装物等。

一、垃圾的特点和分类

随着农村群众物质生活水平的不断提高，农村产生的生活垃圾数量也在持续递增，其种类也在随着增多，已不是传统意义上的烂菜帮、炉灰渣了。生活垃圾的成分较以前更为复杂，包装废弃物、一次性用品废弃物明显增加，如婴儿使用的一次性尿不湿、妇女卫生用品及一次性塑料袋、塑料瓶、泡沫、农用地膜、药瓶、电池、电脑耗材、电瓶等难降解有机物质成分占很大的比例。针对农村地区垃圾的特点，按照是否有害和用途，大概可以分为以下六类。

1. 厨余垃圾

厨余垃圾易腐烂变质，产生异味，会大量滋生蚊蝇；这类垃圾随着农村生活水平的提高，特别是民俗旅游的发展，其产生量增加并且有机成分在增高。厨余垃圾可生产沼气或有机肥。

2. 灰土垃圾

灰土垃圾是农村生活垃圾的主要组成部分。也是传统的农村生活垃圾，灰土较稳定，便于存放，具备较好的资源化利用条件。

3. 可回收垃圾

可回收垃圾主要包括废纸、玻璃、金属和废旧衣服等。废纸、玻璃、金属等可以得到很好的回收。而废弃的衣服、鞋、袜等经常随意丢弃。

4. 有害垃圾

有害垃圾主要包括电池、灯管灯泡、农药瓶、油漆桶、废水银温度计、过期药品、墨盒、硒鼓、不可降解塑料制品（超薄塑料袋、农膜）等。随着农村和城乡一体化的发展，这类垃圾量在逐年增多，这类垃圾对农村生态环境潜在的危害性最大，需要特殊安全处理。

5. 可燃垃圾

主要包括木屑、刨花、果树枝、农作物秸秆等；严格地说，这类物质不能算垃圾，这些物质不会对环境造成直接影响。但也确实是困扰农村的一个环境问题，大量堆积在田间地头，秋季和春季焚烧秸秆现象比较严重，要积极倡导秸秆还田，作为新型生物质原料，进行综合利用。

6. 其他垃圾

主要包括烂砖碎瓦、卫生间废纸等。这类垃圾是难以回收的，会影响环境卫生和村貌。

二、垃圾污染的危害

农村生活垃圾处置不当，是导致村落环境卫生日趋恶化的主要原因之一。由于农村人口居住相对分散，大多数农村还没有垃圾堆放容器、设施和标准化处置场所，更没有专门的垃圾收集、运输、填埋处理体系。生活垃圾随意堆放现象较为普遍，房前屋后，田头地边、池塘沟渠、街道两旁、马路边沿、河道中随处可见随意抛弃、堆存的垃圾。村落垃圾污染给农村居民带来严重的危害。

（1）这些随意露天堆放的垃圾，日积月累，越积越多，占用大量的道路、河道、农田，不仅影响这些被占土地的植被利用，而且容易造成垃圾随风、随水转移污染。有统计表明，单是黄河每年转移的河流上游地区的污染物多达 50 多亿吨（图 2-3）。垃圾中的氮、磷等富营养物质，是淡水湖蓝藻和海洋赤潮泛滥的重要原因之一。

图 2-3　2008 年汛季黄河兰州段随雨水冲刷而至的垃圾

（引自西部商报，2008）

（2）随意堆存的垃圾，夏季任由日晒雨淋、发酵蒸发，臭气散发，不仅污染空气，而且是蚊、蝇、鼠、蟑滋生，细菌、病原体繁殖传播的理想场所，极容易传播疾病、流感、人畜共患病，给农村居民人体健康造成极大的危害（图 2-4）。

图 2-4　村庄街头多年随意堆存的垃圾

（3）随意堆存的垃圾，冬季随风飘散，尤其是废纸屑、塑料袋，泡沫餐盒和色彩鲜艳的方便食品包装袋，林中、田间、路沟、河道、湖面随处可见，严重污染视觉环境（图 2-5）。而且进入环境的这些塑料制品在短时间内很难降解，容易对土壤、水体的生物、物理环境造成严重污染和危害。

图 2-5　村旁马路边随意倾倒和排放的垃圾和污水

（4）垃圾污染严重影响农村工农业生产。生活垃圾释放的有害气体、重金属等有害物质，通过大气、水体、土壤广泛传播，在给农村居民的身体健康造成直接危害的同时，还会影响养殖业、种植业生产，进入生态微循环系统的污染物质，还极易通过大气生态系统、水体生态系统、土壤生态系统在畜禽产品和农产品中形成污染物残留，对粮食等农产品安全构成严重威胁。大量的农产品是工业生产的原料，农副产品中的污染物残留，也会严重影响工业产品的质量。这样来看，垃圾污染不仅影响农村居民的生命安全，而且也对城市居民的生命安全构成威胁。

（5）垃圾污染造成的农产品污染物残留，容易造成农产品品质下降，严重影响我国农产品的国际贸易。最近经常出现出口农产品被进口国检出重金属超标，最终影响到农民收入和生活水平的提高。

三、村落垃圾污染防治

垃圾污染防治是一项系统工程，从农村垃圾形成原因看，涉及面甚广，不仅涉及广大消费者，而且涉及制造生产、生活用品的广大生产企业和经销这些产品的商业流通企业，同时也涉及工商、税务、金融、广告以及相关的机关、事业等管理部门。防治农村垃圾污染，必须是生产者、营销者、消费者及众多管理者全方面动员，城乡社会各阶层积极参与的一项全民性、经常性行动，只有这样才能有效遏制农村垃圾污染的日益严重化趋势。

从生产者角度看，应该从产品的设计制造过程入手，充分考虑产品废弃物的循环利用，把垃圾的可能发生量降到最低限度，从源头上减少垃圾发生量。

从经销者角度看，应大力提倡以旧换新，尽可能减少商品的过度包装，从销售环节分类收集废旧物品，进行循环利用，或加工再利用，从运输营销环节减少农村垃圾的发生量。

从消费者角度看，应有环保观念，从平常小事入手，养成不随意丢弃垃圾的良好习惯，并在生产、生活中尽可能将垃圾分类收集，循环利用，尽可能减少垃圾的发生量。对不能回收再利用的垃圾，要放到指定场所，由专门人员清运处理。

从管理者角度来看，应在广大农村建立垃圾收集、转运、无害化处理体系，对农村垃圾进行分类收集，集中处理。在农村建设垃圾分类收储设施，配备专职人员，在不具备集中无害化处理条件的农村，应以村为单位建设必要的垃圾堆肥利用，无害化焚烧，或填埋设施。对厨余垃圾和可降解垃圾进行堆肥利用。

堆肥利用是一项传统的垃圾处理技术，只要重视起来，每个村庄都可以建立一个堆肥场，把凡能降解的垃圾进行堆肥利用。气化焚烧也是一项较为成熟的技术，每个村庄都可以建设，或安装一台垃圾气化炉，对可燃垃圾进行气化焚烧处理，产生气体进行热能利用。对不能降解，又不能焚烧的垃圾，如建筑垃圾中的沙子、碎砖瓦等，可用来铺路基、垫坑等。国家有明确的分类规定，对有害垃圾的处置要进行降毒、消毒或无害化处理。

第二节　村落废水污染的危害与防治

目前，农村废水排放量尚无官方统计数据，估计年排放量在300亿吨以上，其中绝大部分未经处理就直接排入江河湖泊，有近1/4的湖泊受到了不同程度的污染。在国家统计局于2009年2月26日发布的《中华人民共和国2008年国民经济和社会发展统计公报》中，乡村人口为72 135万人，不包括镇区的人口，而分布在农村地区的小城镇产生的废水，事实上也进入了农村环境。保守估计，生活在农村的人口不低于9亿人（含小城镇），每人每天生活用水量平均按20～40公斤计算，每人每年的用水量有7～14吨，全国农村居民（含生活污水进入农村环境的部分小城镇居民）年用水量可高达63亿～126亿吨。但在调查中发现，一般普及自来水的村庄人均日用水量多在100公斤左右，夏季一般高于100公斤，而冬季往往低于 100 公斤，年平均日用水量多在 100 公斤以上，为了便于估算，按人均日用水量 100 公斤计算，每人每年的用水量应在 35 吨左右。这样算来，全国农村的年用水量应不低于 315 亿吨，西部干旱缺水地区用水量可能会少一些，日用水量平均不会超过 20 公斤。农村每年的生活废水排放量应该不低于 280 亿吨，加上小加工作坊、乡镇企业的废水排放量，农村每年的废水排放量应在 500 亿吨以上。

一、村落废水的种类

从上述村落废水形成原因看，造成村落环境污染的废水主要有生活废水、养殖业废水、作坊式手工业（含屠宰）废水和洗理餐饮服务业废水等。

（1）生活废水：主要包括家庭餐厨洗菜、淘米、洗锅、洗碗用水，洗脸、刷牙、洗澡和厕所卫生用水及洗涤衣物用水等。这类废水氮、磷、油脂等富营养物质丰富，排放过程极容易变臭，是苍蝇、蚊子及微生物滋生繁殖的理想场所，容易造成村落环境的立体污染。

（2）养殖业废水：主要包括庭院牛、猪、羊、鸡、鸭、鹅、兔等家畜、家禽养殖所形成的废水，由家畜便溺物和冲洗圈舍的废水、沿街堆存和晾晒的粪便经雨水冲刷形成的废水、家畜家禽屠宰形成的废水等。这类废水中有浓度极高动物粪便、血水，富营养物质丰富，容易发酵，可形成恶臭气体，容易对空气、地表地下水体造成污染，容易使水体、土壤富营养化，对生态环境造成灾难性影响。

（3）作坊式手工业废水：主要是农副产品加工所形成的废水，像加工粉条、豆腐、腐竹、豆芽、凉粉、罐头等食品过程中产生的废水和畜禽屠宰所产生的废水等，这类废水中同样富含富营养物质，极易酸腐变质，容易对农村环境造成立体污染。

（4）洗理餐饮服务业废水：现在农村生活条件有了极大改善，村里的澡堂、理发店、洗染店、美容店、饭店等逐步多了起来。条件好一些的农村，红白喜事、来客招待，一般都会到村内的饭店、餐馆去办，少则一桌，多则数桌，有排场大的办几十桌的也非常普遍。有的在招待客人吃完饭后还会去洗个澡，再帮客户洗洗车，尤其是重要客户上门，一般都会有很好的招待。这类废水成分更为复杂，不仅有氮、磷等富营养物质，而且有化学品、油脂等污染物，对环境危害较大。

二、村落废水污染的危害

村落环境中形成的废水，不论是村民生活废水还是生产经营性废水，均富含氮、磷、油脂等富营养物质和其他重金属、抗生素、促生长剂、农药残留物等有害物质，这些有害物质随废水进入环境，对村民的生产、生活造成一系列危害。

（1）滋生蚊、蝇，传播疾病。村落废水排放量越来越大，在许多农村形成大小不等的臭水塘、臭水沟。没有水塘和水沟的村庄，污水全部被蒸发进入大气或排入农田土壤环境，一样臭气扑鼻，渗入污水的土壤长出厚厚的一层绿色菌类腐生物，上面爬满苍蝇。不仅影响村落树木花草的生长，而且容易造成人畜共患病的传播。2003年，非典型性肺炎在全球的蔓延，与人类食用果子狸有关。2004 年的禽流感一样波及人类，造成大量的死亡病例。2010 年在全球流行的甲型 H1N1 流感正在造成大量的感染病例，因此而死亡者不断增加。目前，全球有 250 多种人畜共患病，均与环境污染有关。

（2）污染空气，影响健康。污水中的富营养物质极容易酸腐变质，形成恶臭气体。有的散发出腐败的臭鱼味，有的散发出臭鸡蛋味，有的类似烂洋葱或烂洋白菜味等。恶臭物质使人呼吸不畅，恶心呕吐，烦躁不安，头昏脑涨，甚至把人熏倒，浓度高时，还会使人窒息而死。恶臭气体对人的呼吸系统、循环系统、消化系统、内分泌系统、神经系统都有不同程度的损害。恶臭气体还会使人烦躁不安，工作效率降低，判断力和记忆力下降。高浓度恶臭物质突然袭击，有时会把人当场熏倒，造成事故。1961 年 8—9 月，在日本川崎市，就曾连续发生三次恶臭公害事件，都是由一家工厂夜间排放一种含硫醇的废油引起的。恶臭扩散到距排放源 20 多公里的地方，近处有人当场被熏倒；远处有人在熟睡中被熏醒。

（3）容易造成水体污染，威胁农村饮水安全。由于近几年来，农业粗放经营，导致农业用水浪费严重，长时期超采地下水，形成很多漏斗，进入环境的废水快速下渗，对地下水体造成程度不同的污染，在华北平原，原来各家使用的小压水井抽出来的水已不能饮用，多数村庄人畜用水多是采自 300 多米地下的深井水。黄河水利委员会《2005 年黄河水资源公报》显示：2005 年，黄河流域污水排放量 43.53 亿吨，高于 2004 年的 42.65 亿吨。其中，城镇居民生活排放的废污水量高达 8.67 亿吨。目前，全国大约有 3 亿多人的饮用水不达标，被污染了的水体，常可引起细菌性肠道传染病，许多寄生虫以水为媒介进行传播，如伤寒、痢疾、霍乱、肠炎、传染性肝炎和血吸虫病等，水源性疾病，正在吞噬着村民的健康，需要引起我们的高度重视。

（4）废水对土壤的污染，容易对工农业生产造成严重影响。农村生活污水和加工业废水中含有氮、磷、钾等许多植物所需要的养分，合理地使用污水灌溉农田，一般有增产效果。但污水中还含有重金属、酚类物质、氰化物等许多有毒有害的物质，如果污水没有经过必要的处理而直接用于农田灌溉，会将污水中有毒有害的物质带至农田，污染土壤。如小冶炼、小电镀、汞化物等工业废水能引起镉、汞、铬、铜等重金属污染；小化工、肥料、农药等工业废水会引起酚类物质、三氯乙醛、农药等有机物的污染。土壤污染具有累积性、隐蔽性和滞后性特点。进入土壤的污染物迁移扩散较慢，容易在土壤中不断积累而超标，如重金属对土壤的污染基本上是一个不可逆转的过程，许多有机化学物质的污染也需要较长的时间才能降解。土壤污染往往要通过对土壤样品进行分析化验和农作物的残留检测，甚至通过研究废水污染对人畜健康状况的影响才能确定。因此，土壤污染从产生污染到出现问题通常会滞后较长的时间。如日本的“痛痛病”经过了 10～20 年之后才被人们所认识。

（5）病原体、微生物容易寄宿在动植物体内，影响动植物产品品质，进而通过食物链危害人体健康。通过污水进入土壤中的重金属、酚类物质、氰化物等有毒有害物质很难降解，容易长时间在农业动植物产品中形成残留，不仅影响农产品品质，而且影响我国农产品国际贸易，同时还可以通过食物链危害城乡居民身体健康。

三、村落废水污染防治

村落废水污染防治与垃圾污染防治一样是一项系统工程。从源头看，大力提倡节约用水，尽可能减少废水发生量，在“防”字上做文章，是防治废水污染的根本措施。从废水污染事实形成过程看，人们节水和废水再利用意识不强，村民在对待废水污染问题上普遍存在着“事不关己，高高挂起”的心态，不论是自家的生活废水，还是畜禽养殖或庭院手工作坊生产过程中产生的废水，只要排出自家院子外面就与己无关了，是一种典型的院内经济，院外不经济，个人经济，集体不经济现象，是一种利己不利人的行为。而对于村落集体环境来说，多数村庄在包产到户后，集体经济力量薄弱，根本没有收入来源，如果没有国家和政府的支持，像道路和环保这样的公共设施是没有能力去建设的。许多农村存在着“院内现代化，院外脏乱差”现象。凡是村落公共设施建设得比较好的村庄，都是集体经济力量比较强或村干部号召力强，能把村民组织起来，能从群众手里收到钱，或者能到上级政府要到钱。但这类村庄毕竟是少数，多数村庄村民自治组织处于维持状态，有的处于瘫痪状态。治理像废水污染这类公共事项，实在是心有余而力不足。

从经济方面看，没有集体经济，建设公用设施没有经费来源。从技术方面看，农村废水污染防治技术缺乏，农村干部群众尽管深受其害，但不知道怎样防治废水污染。所以解决农村环境污染问题，还需要政府唱主角。

1. 养殖业废水污染防治

近几年来，农村养殖业不断发展，畜禽粪便年发生量已突破40亿吨大关，多数规模化养殖场因缺乏污染处理设施，导致大量富营养物质进入水体环境，对湖泊、水库等面积较大的水体造成富营养化污染。防治养殖业畜禽粪便对水环境污染，最好的办法是加大畜禽粪便资源化利用力度，如沼气利用、饲料利用、堆肥利用和食用菌基质利用等。

2. 农田径流污染防治

农业生产实践中，过多地依赖化肥、农药，有效地提高了农业产量，但有很多人不了解化肥、农药的肥、药效机理，错误地认为，化肥用得越多庄稼长得越好，农药用得越多，农作物的病虫害就越少。调查发现，部分果园、茶园化肥年施入量一般在200～500公斤，个别果园年施入量也有超过1 000公斤的。农作物种类不同施肥用药量也不一样，从施入量大小看，一般顺序是果园大于菜园，菜园大于粮食作物。在一年两熟制地区，单季农作物亩均施肥量一般在50～100公斤，农作物吸收利用量大部分在25%左右，也就是说至少有70%的化肥未被农作物利用，而是通过蒸腾、水蚀、下渗等途径进入了自然环境。由此可以看出，防治农业源污染对水体环境的影响，最有效的办法是科学使用化肥、农药，资源化利用农作物秸秆等农业废弃物。当然，加强农田综合整治，发展节水农业，改进灌溉技术，减少农田径流发生，防治水肥流失也可以有效防治农村水环境污染（见第四章相关内容）。

3. 生活污水污染防治

生活污水排放量与村落人口数量呈正比例关系，人口越多，生活污水发生量就越大，人口少的村庄，生活污水发生量也相对较少。目前我国上万人的村庄数量不多，平原地区多数村庄人口规模在1 000～5 000人，山区农村人口规模一般在1 000人以下。农村人均用水量与收入水平和富裕程度有关，洗浴卫生设施齐全的村庄，人均日用水量多在 100 公斤以上；用水困难的山区和西部干旱地区人均日用水量多数不足 20 公斤。用水量大小不同，废水污染防治措施也不同。

人均用水量在 100 公斤以上的村庄，日废水发生量一般在 100～500 吨，这部分村庄可采用厌氧池、人工湿地与农业灌溉相结合的处理技术，每户建一个小型厌氧池，生活废水直接进入厌氧池，经过一段时间（5 天）后，通过排水管道汇入人工湿地贮存，然后进行灌溉利用或进行土壤过滤后排放。也可以采用厌氧—土滤—人工湿地相结合的综合处理模式。

人均日用水量不足 20 公斤的村庄，户用小型沼气利用技术是最好的选择，洗碗、洗菜和洗涮废水及人畜粪便直接进入沼气池进行厌氧发酵生成沼气，利用沼气做饭、照明，利用沼渣、沼液肥田，农民在长期的生产实践中逐步摸索出多种沼气综合利用模式，如猪—沼—果；猪—沼—菜；猪—沼—桑（麻）；猪—沼—粮等模式，均取得较好的生态效益。

第三节 庭院养殖污染的危害与防治

庭院养殖业是村落环境中的重要污染源，随处可见的畜禽粪便，沿街流淌的养殖业废水，到处乱窜的鸡、鸭、鹅、兔和猪、狗，不仅形成难闻的恶臭气味，而且对水体、土壤等生态环境造成严重污染。无序发展的养殖业在给人们带来丰厚回报的同时，也给村民的生命健康埋下了较大的隐患，引起大量的人畜禽共患病，单是因感染狂犬病死亡的人数，已经上升到传染病死亡人数的第二位。

一、目前庭院养殖业的现状

规模大小不一的庭院养殖业和规模化集约养殖业是我国畜牧业的重要组成部分，本书第四章对我国畜牧业污染防治作了系统的专章研究，必然涉及庭院养殖和集约化养殖业畜禽粪便污染防治问题。但是，从我国整个畜牧养殖业发展情况看，农村习惯性的庭院散养和小规模养殖业将长期存在，庭院养殖业污染防治将是农村环境保护的一个永恒话题，是研究村落环境污染防治绕不开的重要污染问题；同时，农村小型规模化养殖和转移到村外的较大规模的集约化养殖业，又是农村面源污染的重要污染源，是研究农村面源污染防治同样绕不开的重要污染问题；养殖业畜禽粪便污染问题是我国农村环保工作的重要内容之一，除了在研究整个畜牧业污染防治问题必然涉及外，不论是研究村落环境污染防治，还是研究农业面源污染防治，畜禽粪便污染都是不能不涉及的重要内容之一。所以，本章把庭院养殖业污染防治放在村落环境污染防治一章中予以专节研究。

二、庭院养殖污染危害

由于庭院养殖规模的不断扩大，畜禽粪便和养殖业废水发生量日益增大，养殖业管理技术和粪便处置技术跟不上，饲舍通风设备落后，粪便清除不及时（图 2-6），或长期堆存腐蚀发酵分解过程中造成恶臭气体四溢，对村落大气环境造成严重污染。

图 2-6　山东省某奶牛养殖专业村街头随处可见的奶牛和牛粪

在上两节述及的粪便沿街晾晒、堆放，养殖废水沿街乱排，病原体、微生物、氮、磷等富营养物质，对水体、土壤生态微循环系统造成严重污染。不仅影响农村饮水安全，进入水体的病原体、微生物以水为媒介快速扩散和传播，成了农村疫病传播、细菌繁殖，蚊、蝇滋生的载体，给农村群众生命健康构成极大威胁。

在庭院养殖业发展过程中，缺乏监督，造成像瘦肉精、抗生素、重金属、促长剂及其他违禁药物等违禁品的乱用、滥用，导致这些违禁品随粪便一起排入土壤、水体等环境介质中，不仅对农村生态环境造成严重污染，而且还容易残留在动、植物产品中，降低农产品质量品质，进而影响我国农副产品的国际贸易。最终影响和制约农民收入水平的增长和生活水平的改善。

调查发现，自 2003 年的“非典”、2004 年的禽流感和 2010 年流行的甲型 H1N1 疫情爆发以来，农村群众的环境卫生意识普遍觉醒，当他人养殖影响到自己的切身利益时，就会挺身而出予以干预，或者向政府或环保部门秘密举报。目前，因庭院养殖业污染引发的邻里纠纷或上访事件与日俱增。

三、庭院养殖污染防治

统计数据显示，目前我国养殖业固废排放量已达工业固废排放量的 4 倍之多，且有继续扩大之势。庭院养殖业污染防治，已成了摆在我们面前必须予以重视并着手解决的重要环境问题。环保部的前身国家环境保护总局于 2001 年先后发布了《畜禽养殖污染防治管理办法》、《畜禽养殖业污染物排放标准》和《畜禽养殖业污染防治技术规范》等文件，对规模化畜禽养殖场（常年存栏量为 500 头以上的猪、3 万羽以上的鸡、100 头以上的牛，以及达到规模标准的其他类型的畜禽养殖场）选址、场区布局与清粪工艺、畜禽粪便贮存、污水处理、固体粪肥的处理利用、饲料和饲养管理、病死畜禽尸体处理、污染物监测等污染防治的基本技术要求和污染物排放标准作出了统一规定。应该说庭院畜禽养殖污染防治是有法可依的，但为什么养殖污染又如此严重呢？问题不仅出在普遍失管上，而且对规模以下的养殖业管理办法、排放标准和技术规范根本就没有涉及。曾有一位安徽农民向环保部举报邻居庭院养牛 99 头，对自己正常生活造成严重影响。但按照上述规模化畜禽养殖的有关规定，99 头牛的养殖规模，因只差一头，就不算规模化养殖，只能算散养。很显然举报人邻居的行为是在钻政策的漏洞，逃避责任。

事实上，养殖业从畜禽到粪便全是宝贵的资源，之所以造成如此严重的环境问题，是这些资源利用不当，或者是放到了不该放的地方。所以畜禽养殖污染防治应以资源的综合利用为先导，坚持资源化、无害化、减量化的原则，在综合利用上做文章，以畜禽养殖业为依托，大力发展循环经济，使养殖业废弃物资源化。

（1）从农村庭院养殖实际情况出发，动员养殖户在饲料或畜禽圈舍垫料中添加各类除臭剂，如活性炭、天然沸石、硫酸亚铁、酶制剂和微生物制剂等。

（2）可采取高温快速干燥或堆积发酵的办法，把畜禽粪便制成粮食作物、果树、花卉、蔬菜、牧草等植物的专用肥料。

（3）尽可能沼气利用，沼气利用是目前较为理想的畜禽粪便资源化利用方式，沼气是农村理想的清洁能源，沼渣沼液是优质肥料，同时沼气的厌氧环境还能杀灭畜禽粪便中 90%以上的寄生虫卵、大肠杆菌等。目前，农民在实践中已成功创造出猪—沼—果—能、猪—沼—菜—能等“四位一体”的利用模式，取得了理想的效果。

（4）采取人畜禽相分离的饲养方式，在远离村庄、城区、居民点的地方建立养殖小区，集中配置无害化的粪便处理设施。

（5）加强对病死畜禽的处理。最好建一个焚尸炉或密封、不渗水的畜禽尸体处理井。也可以采用土埋的方法处理病死畜禽，不能随意弃置或乱扔病死畜禽，同时要做好养殖场周围的绿化工作。

第三章　农业源污染的危害与防治

农业源污染是指在农业生产活动中，氮素和磷素等营养物质、农药、废料、致病菌以及其他有机或无机污染物质，通过农田地表径流、农田渗滤和蒸发，对土壤、水体、大气等生态环境造成的污染。与点源污染相比，农业源污染的时空范围更广，不确定性更大，成分、过程更复杂，防治难度更大。在我国目前的农业生产活动中，非科学的经营管理理念和落后的生产方式是造成农业环境源污染的重要因素，如不当使用剧毒农药、滥施或过量施用化肥、除草剂，不可降解农膜的大量残留，秸秆的随意弃置或焚烧，规模化养殖业畜禽粪便随意堆放、弃置或不经无害化处理直接施入农田等。

农业源污染主要包括化肥污染、农药污染、除草剂污染、农膜残留污染、重金属污染、规模化养殖场畜禽粪便污染、生活污水和生活垃圾污染。农业源污染主要有两种表现形式：一是以氮、磷等富营养形式污染水体，它主要来自农用化肥、畜禽及鱼类粪尿和生活污水、垃圾；二是以有机磷、有机氯、重金属等毒害形式污染水体、土壤，它主要来自化肥、农药、除草剂、工业废水、垃圾和工业废气中降到地面的硫化物、碳氢化物和重金属颗粒物（祁俊生，2009）。目前，我国农业源的污染越来越严重，尤其对水环境的污染影响最大，据统计，农业源污染占河流和湖泊富营养问题的 60%～80%。

第一节 农业源污染的形成

我国是一个人多地少的国家，土地资源的开发利用已接近极限，加上日益发达的交通运输业、不断扩大的城镇规模和其他工业设施等非农业占地，导致基本农田用地日益减少。

农药、除草剂、化肥、农用塑料薄膜的使用成为提高农业产量、减轻农民劳动强度的重要手段。2007 年，化肥年使用量突破 4 766 万吨，每平方公里用量在 40 吨左右，超过国际上为防止化肥对土壤和水体污染而设置的每平方公里 22.5 吨的安全上限。全国 80%左右的河流和 3/4 的湖泊不同程度地受到氮、磷富营养化的影响。《第一次全国污染源普查公报》显示：2007 年，种植业总氮流失量 159.78 万吨（其中：地表径流流失量 32.01 万吨，地下淋溶流失量 20.74 万吨，基础流失量 107.03 万吨），总磷流失量 10.87 万吨。重点流域种植业主要水污染物流失量：总氮 71.04 万吨，总磷 3.69 万吨。土壤污染，突出表现为有机质和磷、钾含量缺乏。

2007 年，农药年使用量达 146 万吨，只有约 1/3 被植物吸收利用，大部分进入了土壤、水体和大气环境及残留在农产品中。全国有 1 600 万公顷耕地受到农药污染，农产品农药残留的种类和数量逐年增加，全国大约有 10%的粮食、24%的农畜产品和 48%的蔬菜存在质量安全问题，各种动物疫病更令人担忧（中国社会科学院农村发展研究所，国家统计局农村社会经济调查司，2008）。

目前，我国地膜的用量和覆盖面积均居世界首位。由于塑料大棚和地膜覆盖等农业生产技术的普及，导致大量破碎农膜残留在农田中，残留农膜对土壤的污染也在不断加剧。2007 年，全国农用塑料薄膜使用量已达 193.7 万吨（图 3-1），其中，地膜使用量 105.6 万吨，地膜覆盖面积 1 493 830 公顷（中国农业年鉴，2008）。《第一次全国污染源普查公报》显示：2007 年，种植业地膜残留量 12.10 万吨，地膜回收率 80.3%。但从近几年的调查情况看，我国地膜残留量累计约达 30 万吨，由于其难以降解，残留时间长，严重破坏了土壤的微生物结构，造成农作物减产的幅度在 9%～30%（张乃明，2007）。

图 3-1 河南省内黄县规模化发展的大棚蔬菜

重金属污染严重。据中科院生态所孙铁珩院士估计，目前我国受镉、砷、铬、铅等重金属污染耕地面积近 2 000 万公顷以上，约占耕地总面积的 1/5，每年生产重金属污染的粮食多达 1 200 万吨（李法云，等，2006）；其中，工业“三废”污染耕地 1 000 万公顷，污水灌溉的农田面积已达 330 多万公顷（图 3-2）。有研究显示，全国每年因重金属污染而减产粮食 1 000 多万吨，另外被重金属污染的粮食每年达 1 200 多万吨，经济损失至少 200 亿元（农业部，2006）。

规模化养殖业快速发展（图 3-3），产生的大量粪便由于得不到资源化利用和无害化处理，使大量的畜禽粪便进入农业生产环境，加重了农田的富营养化污染。调查显示，我国每年畜禽粪便产生量达到约 40 多亿吨，是我国工业废弃物年产生量的 4 倍。废水 COD 排放量已超过我国工业废水 COD 排放总量，80%的规模化畜禽养殖场没有污染治理设施，大多数污染物未经处理直接排放，对农业环境带来很大威胁（中国社科院农村发展研究所，国家统计局农村社会经济调查司，2008）。在畜禽价格波动的影响下，国家已出台一系列政策措施大力扶持养殖业的不断发展。我国规模化养殖业增长势头已开始显现。

图 3-2 豫北共产主义渠被用于农田灌溉的污水

图 3-3 陕西省宝鸡市一规模化奶牛养殖场

（引自：宝鸡新闻网）

加上不断增大的城乡垃圾、废水和废气尘埃等污染物质，因处置不当，均通过风力、水力或人为因素进入农业生产环境，进一步加剧了农业源污染程度。

第二节　农药污染的危害与防治

目前世界各国的化学农药品种有 1 400 多个，作为基本品种使用的有 40 多种，按其用途分为杀虫剂、杀菌剂、除草剂、植物生长调节剂、粮食熏蒸剂等；按其化学组成分为有机氯、有机磷、有机氮、有机硫、有机砷、有机汞、氨基甲酸酯类等。农药是有毒化学物质，它的施用在防治病虫害，提高农作物产量的同时，也对环境及人体健康、牲畜、鸟类、有益昆虫、土壤微生物构成一定的威胁，尤其是稳定性强、残留时间长的有机氯农药。这类农药通过污染食品，除了可造成人畜的急性中毒外，还对人体产生慢性危害，有些农药对人和动物的遗传和生殖功能造成影响，具有致畸、致残、致癌等方面的毒副作用（张乃明，2007）。

我国农药过量使用和滥施现象十分普遍，农药使用量越大，意味着残留量也越高。早在 1983 年我国农药使用量就已经达到 86.2 万吨，除 1991 年与 1983 年相比略有下降，年使用量为 76.5 万吨外，之后，呈逐年增加趋势，到 2007 年，全国农药使用量已达 162.3 万吨（图 3-4）。由于施药器械和施药技术相对落后，施药过程中造成的浪费十分严重。从当前情况看，农药使用量越大，对环境的污染也越重，给工农业生产和人体健康带来的危害也越严重。

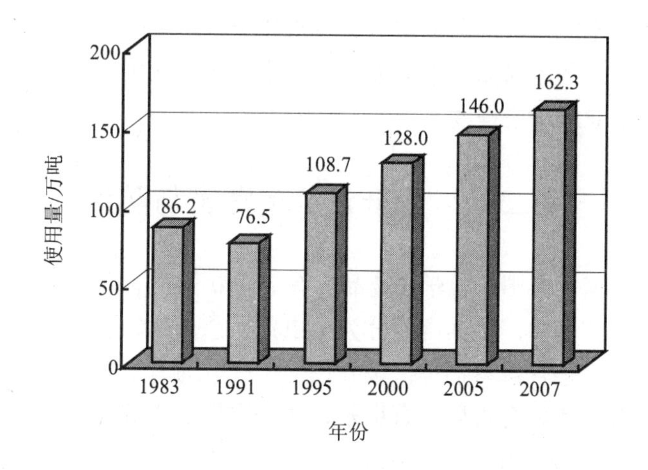

图 3-4　1983—2007 年中国农药使用量变化趋势

注：图中数据引自《中国农业发展报告》、《中国农业年鉴 2008》。

一、农药的特点与种类

农药，是用于防治农业有害生物（害虫、害螨、线虫、病原微生物、杂草、鼠类等）和调节植物生长发育的化学药品。农药是必需的农业生产资料之一，在综合防治有害生物中占有重要地位，也是卫生防疫不可缺少的物质。我国是使用农药防治农作物病、虫、草害很早的国家之一，公元前 7～5 世纪，就有利用嘉草、莽草、牧鞠、蜃恢灰杀虫的记述。以后的《汜胜之书》、《齐民要术》、《本草纲目》、《天工开物》等古籍中均有利用植物性、动物性、矿物性药物防治病、虫、草、鼠害的记载。

农药的特点：农药之所以广受欢迎，是因其有两个最为重要的特点：一是快速；二是高效。病、虫、草害也有两个重要的特点：一是种类繁多；二是繁殖快速。仅已有记载的病、虫、草害，即达数千种之多，企图用非化学的方法来完全控制这么多种类的有害生物是不可能的。加上这些有害生物繁殖速度极快，只有农药才能快速杀灭这些对农业生产构成威胁的有害生物。

农药的种类：根据防治对象，可将农药分为：①杀虫剂，用于防治农林及其产品和卫生害虫的药剂。②杀螨剂，用于防治害螨的药剂。③杀菌剂，用于防治植物病菌的药剂。④除草剂，用于防除有害杂草的药剂。⑤杀线虫剂，用于防治植物病原线虫的药剂。⑥杀软体动物剂，用于防治蜗牛、蛞蝓等软体动物的药剂。⑦杀鼠剂，用于毒杀有害鼠类的药剂。⑧植物生长调节剂，对植物的生长发育各个阶段的主要生命活动起调控作用的物质（中国大百科全书，2009）。

二、农药的毒性与残留

农药的毒性：毒性是农药能否危害环境与人畜安全的重要指标，农药毒理学评价指标主要有生物的急性毒性、亚急性毒性、慢性毒性、“三致性”毒性和生态毒性等。急性毒性是衡量农药毒性强弱的常用指标（见表 3-1）。

表 3-1　我国执行的农药急性毒性分级标准

给药途径	剧毒	高毒	中等毒	低毒
大鼠经口 24 时 LD_{50}/（毫克/千克）	＜5	5～50	50～500	＞500
大鼠经皮 4 时 LD_{50}/（毫克/千克）	＜20	20～200	200～2 000	＞2 000
大鼠吸入 2 时 LD_{50}/（毫克/千克）	＜20	20～200	200～2 000	＞2 000

引自：张乃明. 环境污染与食品安全[M]. 北京：化学工业出版社，2007。

农药残留：是农药使用后至完全分解前，残留于生物体和土壤、水体、大气等环境中的原体、代谢物和降解物的总称。这类物质残留的数量称为残留量。农药残留是使用农药后的必然现象。如 2010 年春节期间发生的“海南毒豇豆事件”。据中广网记者白宇、陈俊杰报道：1 月 25 日至 2 月 5 日，武汉市农业局在抽检中发现来自海南省英洲镇和崖城镇的 5 个豇豆样品水胺硫磷农药残留超标，消息一出，全国震惊。全国各地加大对海南豇豆的检测力度，又有多个地市发现海南豇豆残留高毒禁用农药。记者深入调查后发现，水胺硫磷、甲胺磷等高毒农药在海南仍有销售和使用。这一事件从一个侧面证明了高毒农药残留事实。因此，研究农药残留的最终目的是通过改进农药品种和科学合理使用农药，以减少对食物链和环境的不良影响。

施用于作物上或土壤中的农药，其中一部分附着于作物上，另一部分散落在土壤、大气和水体等环境中，环境残存农药中的一部分又会被植物吸收。残留农药直接通过植物果实或水、大气到达人、畜体内，或通过环境、食物链最终传递给人、畜。导致和影响农药残留的原因有很多，其中农药本身的性质、环境因素以及农药的使用方法是影响农药残留的主要因素。

农药喷洒到作物上、土壤中，经过一段时间后，由于阳光照射、自然降解、雨淋、高温挥发、微生物分解和植物代谢等作用，绝大部分会消失或失效，但还会有微量的农药残留。土壤和植物中可能残留的微量农药及其有毒衍生物的数量，称为农药残留量。使用农药的方法和用药量千差万别，因而农药残留的程度也不一样。有些农药已禁用数十年，但在土壤中仍有残留，如 20 世纪初用于水稻种子消毒（灭菌）的汞制剂和防治苹果食心虫的制剂。有些农药在有些国家已停止使用，但有些国家仍在使用，如六六六、DDT 等。许多农药会随农产品、水体和空气迁移至各地，所以农药残留属世界范围和长期存在的一大难题。残留农药对病虫害和杂草无效，但对人畜和有益生物有毒，称为残毒。

安全间隔期：是指最后一次施药至收获、使用、消耗作物前的时期，即自喷药后到残留量降到最大允许残留量所需的时间。各种农药因其消失的速度不同，具有不同的安全间隔期。在使用过程中，最后一次喷药与收获、使用之间的时间，必须大于安全间隔期。

三、农药污染

农药污染是指施用农药对环境和生物产生的有害影响。农药施用后，一部分附着在作物上或被作物吸收，一部分落在土壤上或土壤中，还有一部分挥发或飘散到空气中或随雨水流入江河湖泊。农药施入环境后，在其未完全分解以前，便构成了对植物、土壤、空气、水体等环境和食物链的污染，破坏生态平衡，危及人畜安全。

早在20世纪40—50年代，人们就开始注意到农药砷制剂、汞制剂的残留毒性问题，随后，这两种农药在世界范围内被禁用。60年代，发现有机氯农药在生态环境中有残留毒性等问题，70年代前后，有机氯农药在一些国家被禁用，我国于1982年宣布禁止生产和使用六六六、DDT等有机氯农药。随后，又有一些农药品种，如二溴氯甲烷、杀虫脒、艾氏剂、氯丹、异狄氏剂、狄氏剂、七氯、灭蚁灵、毒杀芬等被禁用。

农药是高效、快速防治农作物病、虫、草害最重要的武器，它在保证农业丰收，促进高产、优质、高效现代农业的发展，以满足人们对农副产品需求等方面发挥了积极作用。但另一方面，农药对人畜是有毒的，甚至是高毒或剧毒，如果使用不当，会污染农产品和环境，给人类造成危害，因此，我们应该充分利用和发挥农药为人类造福的一面，并重视和防止给人类造成危害。

四、农药的不当使用

在生产实践中，经常发生农药使用不当或滥施农药造成的危害。有的村民较难接受新生事物，习惯性地长期使用单一农药的现象十分普遍。部分菜农科学意识较低，他们认识不到长期使用单一农药容易使病原菌与害虫产生抗性，降低农药的药效。

有的村民缺乏科学用药知识，经常滥用农药。任何一个农药品种都有其特定的防治对象和合理的施药时间、使用次数、施用量和安全间隔期（最后一次施药距采收的安全间隔时期）。有的村民施药时不认真阅读农药说明书，不严格按说明书用药，经常是凭经验和想当然施药，不具体分析虫害情况，盲目选择或者盲目加大用药量，不仅带来药液浪费，而且加重了农作物和环境中的农药残留，污染农业生产环境。

有的果农或菜农在喷药后未达到安全间隔时限，水果、蔬菜上附着的药液未能充分降解即采摘上市，导致果蔬农药残留超标。农药喷洒到作物或土壤中，经过一段时间，由于光照、自然降解、雨淋、高温挥发、微生物分解和植物代谢作用，大部分会消失。但在市场经济条件下的今天，部分菜农为追求眼前效益，喷农药不久后便采摘上市，残留在水果、蔬菜上的农药自然就多了，如上述海南省毒豇豆事件的发生，问题就出在安全间隔期上。

反季节消费催生农药残留加剧（图 3-5）：不少人认为，大棚菜一般是冬天生产，外面天寒地冻，虫子很少，因而农药用得少。而露地菜的虫害多，杀虫药往往毒性大。还有人讲，大棚菜总的来讲病多虫少，即使用药也是杀菌农药，这类药往往是低毒的。事实上，冬天大棚外固然虫害很少，但大棚内的相对高温高湿条件却不影响虫害的发生，危害程度也不比露天地上生产的蔬菜轻。最重要的一点是，在同样情况下，大棚内用药后农药降解速度比露天的慢。

图 3-5　某地大棚反季节蔬菜

五、农药残留污染的危害

世界各国都存在着不同程度的农药残留污染问题，从调查情况看，我国早已禁止使用的六六六、DDT、甲胺磷等有机氯、有机磷高毒农药使用比例仍然较高（图 3-6）。这些剧毒农药的滥用或过量使用，药效利用率较低，不仅影响食品安全，而且污染环境，破坏生态。农药残留污染会导致以下几方面危害：

（1）农药残留对健康的影响。农产品受到农药污染后品质下降，农产品中农药残留严重超标，部分农药残留通过食物链进入人体和动物体内。部分农药渗入地下水循环系统，直接影响到农村水环境质量。在被调查的 1 630 个村庄中，农药残留危害严重的占 9.6%，有危害的占 48.8%，农药残留危害面近 60%。食用含有大量高毒、剧毒农药残留的食物，会导致人、畜急性中毒事故。长期食用农药残留超标的农副产品，虽然不会导致急性中毒，但可能引起人和动物的慢性中毒，导致疾病的发生，甚至影响到下一代人。

图 3-6　西南某县城农贸市场上畅销的各类高毒农药

（2）农药残留污染对野生生物和环境的影响。农药的大量使用提高了农作物害虫的抗药性，引起大量鸟类、昆虫和菌类的死亡，使农作物害虫失去天敌。因为，野生生物是大自然食物链上的重要一环，农药对野生生物生存环境的污染，导致野生生物的总数变少，分布区域变小，影响生物种间平衡，最终导致生态负效应频繁发生（图 3-7）。

图 3-7　大量施用农药使板栗园不生杂草引起水土大量流失

（3）药害影响农业生产。由于不合理使用农药，特别是除草剂，导致药害事故频繁，经常引起大面积减产甚至绝产，严重影响了农业生产。土壤中残留的长残效除草剂是其中的一个重要原因。调查发现，目前在农业生产中除草剂的危害越来越严重，已经成为影响农业生产的主要原因。

（4）农药残留影响农产品国际贸易。在农产品国际贸易中，各个国家，特别是发达国家高度重视农药残留问题，对各种农副产品中农药残留都规定了越来越严格的限量标准。许多国家以农药残留限量为技术壁垒，限制农副产品进口，保护本国农业生产。2000 年，欧共体将氰戊菊酯在茶叶中的残留限量从 10 毫克/公斤降低到 0.1 毫克/公斤，使我国茶叶出口面临严峻的挑战。

六、农药污染防治

在农业生产实践中，应当从农药品种选择和科学用药等方面最大限度地控制农药残留污染危害。政府和管理部门应该加强立法，制定和完善有关法规，如颁布《农药管理法》；建立、健全有关制度，严格执行农药登记制度（农药生产、销售、使用前的审查登记，农药登记后的监督、检查等）；建立农副产品农药残留量监测管理体制以及市场监督、处罚机制等。另外要大力发展高效、低毒、低残留农药品种；制定科学、合理、安全使用农药的法规、标准；宣传、普及有关农药使用技术和科学知识等，不断提高科学用药水平。

农药使用者，应该严格执行国家有关法规和规定，做到科学、合理、安全地使用农药。防治农作物病、虫、草害，应尽量使用非化学防治方法，在万不得已的情况下使用化学农药时，当首选高效、低毒、低残留品种。

为了防止农药污染，指导科学使用农药，农业部、卫生部早在 1982 年就颁发了《农药安全使用规定》，其中明确规定高毒、高残留农药不得用于蔬菜、果树、茶叶、中药、烟草等作物。1984 年农业部制定了《农药安全使用标准》（GB 4285—1984），规定了 29 种农药在 19 种作物上的 69 项安全使用标准。

农业部 1987—1993 年又制定了《农药合理使用准则》（一）、（二）、（三）、（四）（GB 8321—1987，GB 8321.2—1987，GB 8321.3—1989，GB 8321.4—1993），共规定了 115 种农药在 18 种作物上 232 项科学合理使用标准。

农业部 199 号公告中，规定了国家明令禁止使用的一批高毒、剧毒农药和一批部分限制使用的农药。这些标准中，明确规定了每种农药防治相应作物病、虫、草害时的使用方法，最后一次施药距农作物采收间隔时间（安全间隔期），以及使用注意事项等。

若按标准施药，既能达到防治效果，又能减少用药量和次数，降低施药成本，并能使收获的农产品中农药残留不超过规定的限量标准，防止农药污染农产品和环境。因此，科学、合理地使用农药是防止农药污染的最根本措施，应大力宣传、普及、贯彻这些“规定”和“标准”，切实促进农业发展和保障人民身体健康，构建人类、农业、环境和谐发展的新局面。

（1）要合理使用农药。应根据农药的性质和病、虫、草害的发生、发展规律辩证地加以合理使用，以最小的用药量获得最大的防治效果，既能经济用药，又能减少对环境的污染。一是对症用药，即掌握用药的关键时刻与最有效的施药方法。二是注意用药的浓度与用量，掌握正确的施药量。三是改进农药的性能，如加入表面活性剂，改善药液的黏着性能，提高施药的质量，改进施药工具的效能等。四是合理混用农药。五是合理调配农药，各地农技和农药销售部门可根据各地病虫害的发生情况，科学地做出农药的合理调配，这样也可避免乱用农药和减少污染。

（2）要安全使用农药。应根据需要严格遵守农药安全使用规定、农药安全使用标准、农药合理使用准则等规定，认真贯彻预防为主、综合防治的植保方针。高毒、高残留农药不得用于花卉、果树、蔬菜、中药材、烟草等作物。施用农药一定要在安全间隔期内进行。

（3）采用先进的施药器械，提高药效，避免浪费。目前，我国农业生产中药效利用率低，仅达 30%左右，在很大程度上与施药器械和施药技术落后有关，应引导农民采用先进的施药器械和技术，尽可能避免农药在喷施环节的大量浪费。

（4）在生活中要尽量清除农药残留，对残留在作物、水、蔬菜表面的农药，可用水或溶剂清洗。也可采用避毒措施，在受农药污染的植物附近，栽培可吸收农药污染物的植物。

第三节　化肥污染的危害与防治

化肥污染，是指农田施用化肥量大于农作物生长需要量，导致大量氮、磷、钾等营养元素进入环境，从而引起水体、土壤和大气生态环境污染的现象。施入农田的不同种类和不同形态的化肥，都不可能全部被植物吸收利用。正常情况下的化肥利用率，氮为 30%～60%，磷为 2%～25%，钾为 30%～60%。未被植物及时吸收利用的化肥，一是在温度、湿度影响下蒸腾进入空气中，对大气生态环境造成污染。二是会随农田地表径流转移至河流、湖泊和海洋等水体中，导致河流、湖泊和内海的富营养化。三是会长期留存在土壤中，污染土壤生态环境，或随土壤渗滤水转移至根系密集层以下而造成地下水体污染，影响人畜饮水安全。

一、化肥的种类

化肥，是化学工业肥料的简称，是用化学方法和物理方法人工制成的含一种或多种农作物生长需要的营养元素的肥料。作物生长所需的营养元素有 16 种，可分为常量营养元素和微量营养元素两大类：常量营养元素中的碳、氢、氧，农作物能直接从空气和水中取得，不属于肥料范围；氮、磷、钾是主要的常量营养元素，属主要的化肥；钙、镁、硫是次要的常量营养元素，一般土壤中并不缺少，很少作为化肥生产。硼、铜、铁、锰、钼、锌、氯等是微量营养元素，用量约为百万分之一（ppm）量级，但在农作物生长中起了很重要的作用。只含一种可标明含量的营养元素的化肥，称为单元化肥，如氮肥、磷肥、钾肥。凡是含氮、磷、钾营养元素中两种以上的肥料称为复合肥料。

我国化肥的主要品种是氮肥、磷肥、钾肥等单元化肥和含氮、磷、钾两种以上营养元素的复合肥料。氮肥主要品种是碳铵，占氮肥总量的 54%，尿素和氨水分别占氮肥总量的 30.8%和 15%，其他品种只占 0.2%；磷肥主要品种为过磷酸钙，占总产量的 70%，钙镁磷肥占 30%，其他品种如重过磷酸钙、磷矿粉等生产和施用量很少；钾肥的主要品种为氯化钾和少量硫酸钾（王焕校，2006）；复合肥品种较杂。百村调查显示，目前正在使用的化肥种类有：尿素、碳铵、氯化铵、硫酸铵、硝酸铵等氮肥；磷酸二铵、磷酸一铵、重钙、普钙等磷肥；硫酸钾、氯化钾等钾肥。使用美国二铵的有 32 个村；过磷酸钙的有 13 个村；碳酸氢氨的有 31 个村；复合肥的有 37 个村；尿素的有 67 个村；钾肥的有 13 个村；磷肥的有 26 个村；硝基磷的 1 个村；氯化钾的有 1 个村（部分村庄同时使用多种化肥）。

二、化肥污染

据全国化肥试验网对 1981 年开始布置的 52 个 10 年以上长期肥料定位试验点的试验资料统计，施用化肥对粮食产量的贡献率，全国平均为 40.8%，其中旱作两熟区的小麦为 60.2%，玉米为 46.2%（林葆，等，1996）。从云南省调查情况看，云南省化肥农田施用量已达 197.7 公斤/公顷。近 20 年来，以平均每年 3.258 公斤/公顷的速度递增。而且，农田施用的化肥主要是氮肥、磷肥、钾肥、复合肥。其中，氮肥所占比例基本维持在 70%左右。但因不同地区种植的作物不同，化肥施用量也不同，一般城镇郊区农村经济较发达，有机肥缺乏，人们为追求高产而滥用化肥的现象普遍。

我国化肥施用量呈逐年增加趋势，1983 年施用量为 1 659.8 万吨，到 2007 年已增加到 5 107.8 万吨（图 3-8），化肥年施用量占世界总用量的 1/3 强，成为世界化肥生产和消费第一大国。化肥的使用，有力地推动了农作物增产，粮食总产由 1949 年的 1.13 亿吨增加到现在的 5 亿吨以上，其中，化肥的贡献超过 40%。

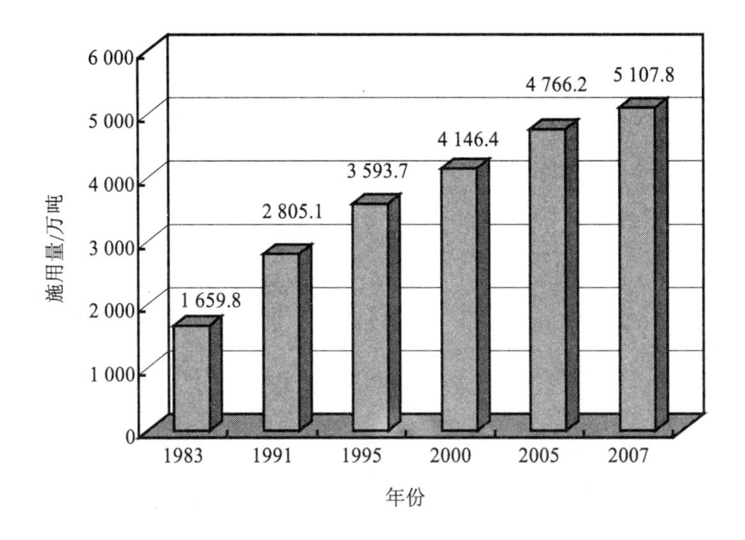

图 3-8　1983—2007 年中国化肥施用量变化趋势

注：图中数据引自《中国农业发展报告》、《中国农业年鉴 2008》。

据资料分析，我国农田氮素化肥利用率只占施氮量的 30%～50%，我国农田生态系统中仅化肥氮的淋洗和径流损失量每年约 174 万吨，每年损失的氮素价值 300 多亿元。长江、黄河和珠江每年输出的溶解态无机氮则成了近海赤潮、浒苔（见图 3-9）形成的主要原因。

中国农业科学院土肥所调查显示，全国已有 17 个省的氮肥平均施用量超过国际公认的上限——每公顷 225 公斤。河南省农业厅土肥站一项调查表明，目前全省每年施用的 300 多万吨化肥中，只有 1/3 被农作物吸收，1/3 进入大气，1/3 沉留在土壤中，残留化肥已成为全省巨大的污染暗流。云南省蔬菜产区，有很多分布在湖泊、水库等自然水体沿岸，大量氮、磷随地表径流冲刷进入地表水，加剧水体富营养化，增加水体污染治理的难度。河南省化肥施用水平达每公顷 650 公斤以上，化肥当季有效利用率不足 30%，导致氮、磷大量流失并进入生态环境循环系统。

图 3-9 我国沿海再次出现的浒苔

（引自：2010 年 6 月 29 日人民视线）

从以上分析来看，施用化肥可提高粮食单产的 40%～50%，粮食总产中约有 1/3 是施用化肥的贡献。但是，由于农民缺乏科学的施肥技术，为追求高产，盲目过量施用和滥施化肥现象普遍存在，这不仅增加了农民的生产成本，而且导致大量氮肥进入环境，造成水体的富营养化和农产品硝酸盐残留超标。在黄淮平原上，过去农民院中的压水井里的水，已基本上不能饮用，这无疑是年复一年的氮肥流失污染所致。

我国从 20 世纪 70 年代末开始，大力推进化肥施用，化肥总消费量由 1977 年的 596 万吨增加到 2007 年的 5 107.8 万吨左右（中国农业统计年鉴，2008）。相应地，2009 年我国粮食产量达到 10 616 亿斤，比 1978 年增加近 80%（国家统计局，2009）。

三、化肥污染危害

我国用占世界 7%的耕地养活了占世界 1/5 的人口（王焕校，

2006），并且提高了营养水平，靠的是提高作物单位面积产量，其中化肥功不可没。据全国统计，平均每亩施磷肥 4.1 公斤，每公斤磷肥可增产粮食 4.1 公斤；每亩平均施氮肥 7.3 公斤，每公斤氮肥可增产粮食 11.1 公斤；每亩平均施钾肥 5.7 公斤，每公斤钾肥增产粮食 3.0 公斤。

在农业生产实践中，化肥施用方面存在着较大的问题。

（1）过量施用，或滥施化肥现象普遍。亩均施肥量不断增加，有的地方单季农作物氮肥施入量超过 50 公斤，个别地方超过 100 公斤，在调查中发现，个别茶园尿素施用量亩均一般在 200～400 公斤，个别果园尿素施用量超过 500 公斤。

（2）施肥技术落后，方法粗放。底肥多采取人工抛撒法，然后机耕掩埋；追肥多采取浇灌前，或雨前抛撒法，然后放水浇灌，两种施肥方法均容易造成化肥蒸发或顺水流失。

（3）氮、磷、钾比例失调。氮肥施用量过大，磷、钾肥施用不足，导致肥效利用率下降。长期过量而单纯地偏施氮肥，容易造成土壤养分供应失衡，会使土壤质量退化，生产力下降，直接影响到农业生产成本和作物的产量和质量。

（4）长效肥和缓释肥供应不足，施用量较小。长效肥或缓释肥供应不足，或化肥使用不当，已对农业生产造成严重影响，而且大量流失进入环境中的营养元素，造成严重的污染危害。

1. 水体富营养化

土壤中不能被植物吸收的化肥多通过雨水或灌溉水淋溶而进入河流、湖泊、地下水体等，不仅导致河流、湖泊等氮、磷含量增加，水体富营养化（图 3-10），而且对地下水也造成不同程度的污染。

图 3-10 滇池富营养化所形成的水花

2. 土壤物理性质恶化

过量施用或单施氮素肥，容易导致土壤板结，透气性差，保水保肥能力下降，并使土壤养分比例失调，直接影响到农业生产成本和农作物的产量和质量。长期过量而单纯地施用化肥，会使土壤酸化或碱化；另外，制造化肥的矿物原料及化工原料中，有的含有多种重金属、放射性物质和其他有害成分，它们随化肥进入农田，造成土壤重金属和放射性污染。例如，施用磷肥不可避免地会给土壤带来镉、锶、氟、铀、镭、钍等有害物质。施用磷肥过多，会使土壤含镉量比一般土壤高出数十倍甚至上百倍。有些化肥中还含有有机污染物，如氨水中往往含有大量的酚，特别是用炼焦厂废气生产的氨水，含酚量超过千分之一，施用后造成土壤酚污染。

3. 影响人体健康

化肥污染还容易引起硝酸盐在农产品中残留，通过食物链影响人体健康。过量施用氮肥，可使蔬菜中积累硝酸盐；硝酸盐在加工、储运过程中极易被还原成亚硝酸盐，同时，硝酸盐进入人体后，在细菌的作用下也会转化为亚硝酸盐，人体中的亚硝酸盐可影响血液循环中的氧气供应，对人体健康有不良影响，还可与食物中的某些成分或生物酶作用生成致癌物质——亚硝胺，能对人体健康造成严重危害。

4. 导致大气中氮氧化物含量增加

大气中的氮氧化物与过量使用氮肥有关，施入环境中的大量氮素可分解成氨气，与反硝化过程中生成的氮氧化物一起导致大气中氮氧化物含量增加。氮氧化物气体进入大气严重影响大气环境质量，特别是氧化二氮气体在对流层内稳定，可上升至同温层，在光化学作用下，与臭氧发生双重反应，消耗臭氧，破坏臭氧层。

四、化肥污染防治

化肥污染防治，需要从两方面入手。

1. 增加长效肥和缓释肥的生产和供应，增加化肥使用的有效性

发展长效肥料和缓释肥料，使颗粒肥料缓慢溶解释放到土壤中，或者在颗粒肥料外包一层带微孔包衣，使肥料缓慢释放，便可能使肥料的有效利用率从 30%～50%提高到 50%～80%，等于把化肥产量增加了 60%～100%，并可显著降低农业生产成本。

2. 从现有技术条件出发，科学施肥，避免浪费和环境污染

一是不要长期过量使用同一种肥料，掌握好施肥时间、次数和用量，采用分层施肥、深施肥等方法减少化肥散失，提高肥料利用率。二是化肥与有机肥配合使用，增强土壤保肥能力和化肥利用率，减少水分和养分流失，使土质疏松，防止土壤板结。三是进行测土

配方施肥，增加磷肥、钾肥和微肥的用量，通过土壤中磷、钾以及各种微量元素的作用，降低农作物中硝酸盐的含量，提高农作物产品质量。四是制定防治化肥污染的法律、法规和无公害农产品施肥技术规范，使农产品生产过程中肥料的使用有章可循、有法可依，有效控制化肥对土壤、水源和农产品的污染。

第四节 白色污染的危害与防治

“白色”污染，习惯上指农膜等塑料制品残留对农业生产环境所造成的污染。从调查情况看，对农业生产环境造成“白色”污染的塑料制品远不止农用塑料地膜和棚膜，还包括农产品储存包装用膜，一次性塑料袋、盒、杯、碗等。这种聚乙烯、聚苯乙烯、聚丙烯、聚氯乙烯等高分子化合物制成的各类生产、生活塑料制品，由于缺乏回收再利用技术，或者回收利用渠道不畅，导致农用棚膜、地膜使用后被弃置在农业生产环境中，生活用品的塑料包装物进入生活垃圾，或者被随意丢弃在农田中，或者因处理不当随风随水进入农田生产环境，所有进入农业生产环境的塑料制品在短时间内难以降解，一般会长时间留在农田土壤中，对农业生产环境造成严重的“白色”污染。“白色”污染在我国城乡生产、生活各个方面普遍存在，且十分严重。

我国农用塑料薄膜使用量也呈逐年增加趋势，1991 年全国农用塑料薄膜使用量仅有 64.2 万吨，到 2007 年增加到 193.7 万吨（图 3-11）。目前，在以农户为单位的农业经营方式影响下，不论是农膜使用，还是残膜清除都存在不小的问题。不当使用所造成的浪费现象和农田残留地膜所造成的污染现象均比较严重。

一、农用塑料

农用塑料是农业生产中应用的塑料制品的统称。我国常用的农用塑料薄膜有大棚膜、地膜、其他农业专用膜。大棚膜主要用于农作物温室的覆盖材料（图 3-12），保温、透光、价廉、质轻、易铺设，现在已开发出耐老化、防雾滴、高透明等多功能的大棚膜。

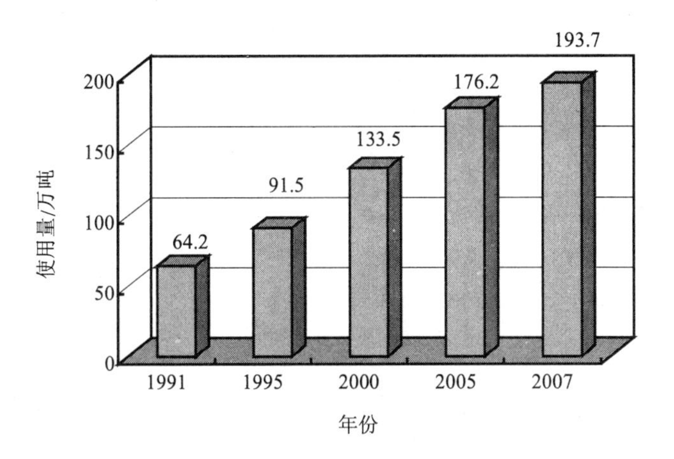

图 3-11　1983—2007 年中国农用塑料薄膜使用量变化趋势

（引自：《中国农业发展报告》、《中国农业年鉴 2008》）

图 3-12　河南省内黄县规模化反季节蔬菜大棚

地膜，厚度很薄，主要用于农作物栽培，用地膜可使地面保温保墒，现已有除蚜虫、除草等功能性的地膜（图 3-13）。其他农用膜有饲草膜、青饲膜等。目前市场上供应的农用塑料薄膜质量参差不齐，有可自降解的，有不可自降解的，有质量好的，也有质量差的，农民在生产中可根据需要灵活选择。

图 3-13 贵州省兴义市纳灰村地膜覆盖的农田

（引自：新华网，乔启明摄，2009）

农用塑料作为农业源污染源之一，主要是废旧农膜在土壤中大量残留，对农业环境造成严重污染，对人类生产、生活造成严重影响。废旧农用地膜、棚膜等塑料制品已成为农村地区普遍存在的农业源污染问题之一。

在农业生产过程中，因降解膜价格较高，使用率较低，非降解膜价格较低，使用率较高且回收率低。大量废旧农膜遗留在耕层土壤中，严重影响农业生产。废旧塑料包装袋、餐盒等在农村生活垃圾中占有相当的比重，农民对其处理方法或者一烧了之，或者混入垃圾中任意堆放，这些塑料制品回收再利用或无害化处理不当，给农村环境埋下较大隐患。塑料是以树脂为主要成分、添加有各种助剂，在一定温度和压力下能塑制成特定形状，并在常温下能保持既定形状的配合料化合物。塑料一般具有质轻、绝缘、耐腐蚀、耐摩擦、易加工和美观等特点。树脂是一类高分子化合物（也称聚合物），有天然树脂和合成树脂之分。用于塑料农膜生产的合成树脂有聚乙烯、聚氯乙烯、EVA、PET、聚乙烯醇、有机氟树脂、丙烯酸类树脂等（杨惠娣，2000）。

二、白色污染的危害

农用塑料薄膜的推广应用大幅度地提高了农作物的产量，打破农业生产的季节限制，尤其是大棚蔬菜生产，多数情况是在使用棚膜的同时，也使用地膜（图 3-14），有效地提高了生产效率，增加了农民收入，也极大地丰富了城乡居民的菜篮子。农用塑料薄膜在促进我国农业发展，改善城乡居民生活等方面发挥了极大的作用，在为解决温饱问题和寒冷季节农作物栽培方面发挥了极其重要的作用，经济效益、社会效益十分显著，被称之为农业上的一场“白色革命”（杨惠娣，2000）。

图 3-14 棚膜加地膜的双覆盖利用

但是，伴随这场经济、社会效益十分显著的“白色革命”而至的“白色”污染，却从另一个端口给人类制造着麻烦。造成农业“白色”污染的原因是塑料地膜厚度过薄，难以清除或使用后未及时加以清除。国际上塑料地膜厚度通常不小于 0.012 毫米，我国国家标准规定厚度不应小于 0.008 毫米，但目前一些生产企业为满足农民降低农业投入成本的要求，生产时降低塑料地膜的厚度至 0.005 毫米，甚至更薄。

这种超薄膜强度低，易破碎，难降解，造成在使用后难以捡拾回收。另外有些地区由于劳动力紧张，在植物收获后仅将大片残膜清除，连同秸秆扔在田头地边（图 3-15）。或者不进行捡拾，使残留地膜在土壤中不断积累。加上大量的生活用塑料垃圾从不同渠道进入农田，造成严重的农业源污染，给农业生产带来严重的危害。

图 3-15　弃置在田头地边的秸秆和破碎农膜残留导致的环境问题

（1）因残膜及其他塑料垃圾很难降解，在土壤中停留时间长达百年以上，土壤中的残膜和塑料垃圾日积月累逐渐形成了阻隔层，影响植物根系生长发育和对水肥的吸收，造成农作物减产。

（2）大量残膜容易缠于犁齿，影响农田的机耕作业，影响机耕深度，时间一长，易造成土壤板结（杨惠娣，2000）。

（3）土壤中含残膜过多时，会破坏耕作层土壤结构，使土壤孔隙减少，降低了土壤通气性和透水性，影响了水分和营养物质在土壤中的传输，使土壤肥力水平降低。连续覆膜的时间越长，残留量越大，对农作物产量影响越大，连续用膜 10 年的土地，小麦产量可降低 10%。

（4）部分地区对残膜危害已有所认识，动员群众在农作物收获后对残膜捡拾清除，由于没有较好的废旧地膜处理技术和方法，或堆放田间地头，或就地焚烧处理，前者易造成景观污染，后者易造成大气污染。

从云南调查情况看，云南省农用塑料薄膜年使用量约为 5 万吨，其中地膜使用量将近 4 万吨。农用地膜捡拾回收率较低，土壤农膜残留量平均每公顷达 60 公斤左右，年均残留率达 20%，严重改变了土壤物理性质，阻碍了作物的生长。实验表明，当土壤中残膜量达到 27～45 公斤/公顷时，小麦和蔬菜将分别减产 7%和 10%。

三、白色污染防治

农业生产环境中的“白色”污染呈现出日趋严重化的发展趋势。所以“白色”污染防治任务也十分艰巨。由于农膜和其他废旧塑料垃圾，捡拾和回收利用成本过高，导致“白色”污染严重化趋势在短时间内难以有所改变，所以需要高度重视“白色”污染防治工作，从政策、制度、技术和回收利用等方面入手，采取果断措施，从农膜生产环节入手生产可降解，或可多次利用的农用塑料产品；从使用环节入手，及时清除残膜和杜绝其他塑料垃圾进入农业生产环境，把“白色”污染降低到最低限度。

（1）以防为主，创新生产工艺，生产并向市场提供可降解农膜或可多次利用不易破碎的农膜，避免质量低劣的农膜进入市场。

（2）利用天然植物和秸秆等农业副产品生产农膜，逐步取代石油膜的使用。

（3）采取政策措施，加大对残破农膜及其他塑料垃圾的回收再利用的支持力度，由于塑料制品主要来源是面临枯竭的石油资源，应尽可能回收再利用。因现阶段回收再利用的生产成本远高于直接生产成本，在现行市场经济条件下难以做到，需要政府加大对废旧塑料回收利用企业的支持。促进废旧塑料回收产业的健康运行。

（4）宣传教育群众充分认识废旧塑料残留对农业生产的危害，从农业生产环节入手，及时捡拾和清除残膜及其他塑料垃圾，保护农业生产环境。政府可给予一定的奖励或资金支持。

（5）鼓励适时揭膜，改过去的收获后揭膜为收获前揭膜，适时揭膜可缩短覆膜时间 60～90 天，地膜仍保持较好的韧性，回收率一般可达 90%以上，可基本消除土壤的残膜污染。同时适时揭膜还可降低田间土壤湿度，不仅可以抑制病虫害的发生，还有利于作物根系和土壤的透气性，有利于农作物后期田间管理。

第五节　畜禽粪便污染的危害与防治

自 20 世纪 90 年代以来，我国农村地区畜禽养殖快速发展，畜禽粪便和养殖废水排放量不断加大，且污染防治设施普遍滞后，对农村环境污染问题日益突出。主要表现在两个方面：一是庭院养殖规模越来越大，对村落环境污染严重；二是集约化养殖业发展迅速，多数规模化养殖场没有配套建设畜禽粪便资源化利用或无害化处置设施，大量的畜禽粪便、养殖业废水直接进入自然水体和农业生产环境之中，造成自然水体、农田土壤的富营养化，对农业生产和农产品品质造成严重影响。庭院养殖对村落环境的污染问题在第二章作了介绍，这里不再重复。本节重点介绍发生量不断增加的畜禽粪便所造成的农业源污染及其防治问题。

一、畜禽粪便污染

对农业生产环境造成污染的畜禽粪便，既包括进入农业生产环境的庭院养殖业畜禽生产所形成的粪便，也包括集约化畜禽养殖业，即规模化养殖业畜禽生产所产生的粪便和废水。当前阶段的集约化或规模化养殖业，是指在规模化养殖场或养殖小区集中从事畜禽养殖的农业产业。按照《国家畜禽养殖业污染物排放标准》（GB 18596—2001）的定义：集约化畜禽养殖场是指进行集约化经营的畜禽养殖场。集约化养殖是指在较小的场地内，投入较多的生产资料和劳动，采用新的工艺与技术措施，进行精心管理的饲养方式。集约化畜禽养殖区，是指距居民区有一定的距离，经过行政区划确定的多个畜禽养殖个体集中从事养殖业生产的区域。集约化养殖业所产生的畜禽粪便和废水成为我国农业源污染的一大污染源。

调查显示，2006 年我国畜禽粪便产生量已突破 40 亿吨，是当年我国工业废弃物产生量的 4 倍，每年不当处理的死畜禽约在 10 亿头（只）以上。在畜禽价格波动的影响下，尤其是 2007 年下半年猪肉价格反弹以来，国家已出台一系列政策措施，大力扶持养殖业的发展，养殖业发展增长势头强劲。

畜禽养殖是农民致富的一个重要途径。中国农业大学农村环境问题百村调查显示，百村中有以户为单位圈养的占 79%（畜类，含规模化养殖）；散养的占 58%（禽类）；规模化养殖的占 34%，其中，有大规模养殖企业的村占 13%，有小规模养殖企业的村占 11%；无畜禽养殖业的村仅占 1%。

在养殖业对当地环境影响下，对当地环境影响较大的有 26 个村；影响较小的有 31 个村；无影响或构不成影响的有 23 个村；有 20 个村子的问卷没有给出答案。

在畜禽粪便处理方面，任意排放的占 7%；直接当做肥料利用的占 74%；以沼气工程处理利用的占 19%。在把粪便直接作肥料利用的大多数村庄中，多数是随意堆置，等到施肥季节才会将粪便运到田间，包括一些大规模养殖企业无不如此（图 3-16）。由此可见，畜禽养殖业粪便、废水污染现象，不同程度地普遍存在。

图 3-16　鲁东平原上的一大型奶牛场的粪堆

另外在水产养殖方面污染现象也比较严重。随着目前经济增长和居民饮食结构的调整，作为我国农村传统产业的水产养殖业，已经成为农村经济新的增长点和支柱产业。在很多地区，单纯追求经济效益导致的养殖密度过高，过量投放饵料，滥用抗生素，盲目追求产量的不科学养殖方法，同样造成大量湖泊、水库、池塘水体环境污染、水质恶化。水产养殖业对水体环境的污染问题已引起社会各界人士的高度重视。

二、畜禽粪便污染的危害

随着人民生活水平的不断提高，人们对肉、蛋、奶等动物食品的消费进一步增加，进而推动了畜牧业的发展。一大批畜禽养殖专业村、集约化养殖场和专业化养殖小区、养殖专业户不断发展壮大，畜禽饲养量和饲养密度急剧增加，产生的大量粪、尿不能充分利用而随意排放，对养殖业所在地的农业生产环境造成严重污染。集约化畜禽养殖业造成的环境污染不但影响畜牧业的可持续发展，而且影响人们的生活质量，甚至危害人体健康。畜、禽粪尿是畜产废弃物中数量最多，危害最严重的污染源。其中所含的污染物数量和种类特别多，主要包括：粪、尿本身、粪、尿分解物、自身的恶臭和饲料中滥用的抗生素、违禁药物、重金属、促生长剂以及病原体、微生物等。

（1）畜禽粪便等废弃物中含有大量的病原体、微生物、寄生虫卵以及滋生的蚊蝇，会使环境中病原种类增多，病原菌和寄生虫大量繁殖，造成人、畜传染病的蔓延，尤其是人畜共患病，导致疫情发生，给人畜带来灾难性危害。如 2004 年的禽流感和 2010 年在世界范围内集中爆发的甲型 H1N1 流感，使越来越多的人受到感染威胁。

（2）粪尿在厌氧条件下分解产生大量硫化氢、氨、醇、甲烷等 200 多种有机恶臭物质，同时，在长时间堆放过程中产生大量有毒气体等（见图 3-17），对大气、水体和土壤生态环境造成不同程度的污染。粪便所产生的恶臭气体，刺激人畜呼吸道，可引起呼吸道疾病，或导致畜禽生产力下降。

图 3-17　华北某村堆在田边等待利用的牛粪

（3）畜禽粪、尿、畜禽养殖场未经处理的污水中含有大量的污染物以及氮和磷的化合物，尤其是在饲料中氨基酸不平衡、可利用养分低的情况下，含量更高。据测算，一个存栏量 500 头的猪场，每年至少向猪场周围环境排污 1 500 吨，其中约含 5.35 吨氮和 1.55 吨磷，这些氮和磷进入土壤后，会转化为硝酸盐和磷酸盐，含量过高会使土地失去生产功能，还能造成地表水和地下水的污染，使水中硝态氮和细菌总数超标，污染饮水、土壤和农作物，传播人畜共患病及畜、禽传染病。

（4）部分养殖场或养殖专业户在饲料中乱用，或滥用抗生素、违禁药物、重金属和促生长剂、瘦肉精等，未被畜禽吸收的部分残留物随粪便排入环境，造成养殖业周围环境的富营养化、重金属和抗生素污染。

三、畜禽粪便污染防治

调查发现，在污染防治设施方面，除有 20%养猪、牛企业（农户）把粪便用来制作沼气外，其余大部分企业（农户）的畜、禽粪便经晾晒后用作农家肥，废水任意排放。养殖场的恶臭气味，对周围居民的生活环境影响较大。部分规模化养殖场建于村内，没有实行人畜（禽）分离，有的养殖企业建在水源地附近，对附近饮水安全构成威胁；个别集约化养殖场畜禽粪便等污染物排放强度上并不低于工业企业。据基层环保部门反映，自“非典”和禽流感疫情爆发以来，因养殖业污染引发的纠纷案件呈逐年上升趋势。所以，加强畜禽粪便污染防治的任务非常艰巨。

（1）应按照十七届三中全会的要求，与新农村建设相结合，针对各个村庄的实际情况，对传统养殖业发展环境进行集中整治，统一规划建设一批生态型养殖场。遵循生态学和生态经济学的原理，利用动物、植物、微生物之间的食物链相互依存关系和现代技术，实行无废物和无污染生产。可以发展养殖业、种植业相结合的猪（牛）—沼—果，猪（牛）—沼—菜，猪（牛）—沼—粮，猪（牛）—沼—菇，猪（牛）—沼—桑，猪（牛）—沼—茶，猪（牛）—沼—药，猪（牛）—沼—麻等生态农业发展模式，通过推广粮牧结合、茶牧结合、果牧结合、菜牧结合等多种生态养殖模式，将畜、禽粪、尿经过一系列的生物发酵处理，利用沼气回收能源，沼渣和沼液还田，从而实现畜禽养殖业内部的良性循环，不仅要解决畜禽粪便的面源污染问题，而且要促进畜禽养殖业的可持续发展。

（2）实施人畜（禽）隔离和达标排放。对规模化养殖场进行统一规划，选择在远离水源地和村镇的地方发展养殖业，避免污染生活环境和人畜（禽）交叉感染。对那些土地少、土地消纳量小，又不具备沼气设施的规模养殖场、户实行限养措施，严格准入门槛，实行“谁污染、谁治理”的原则，强制养殖场（户）的畜禽粪、尿等废弃物、废水实行达标排放。相关部门要加大环境检测力度，征收排污费。对不符合达标排放要求的养殖场（户）限期治理，对限期治理不达标的，政府应责令其转产或停产。对新建、改建、扩建的规模化养殖场（户），必须严格实行准入制度，对未通过环保评估的，绝不允许开工建设。

（3）建立激励机制。政府应建立规模养殖污染治理专项资金，采取以奖代补的方法，鼓励规模养殖户投资养殖污染治理，对积极治理畜、禽养殖污染的规模化养殖场（户），在养殖用地、信用贷款等方面给予优惠与扶持。同时，政府应扶持畜、禽粪便资源化利用企业（户）的发展，大力发展循环经济。

（4）加强宣传培训。充分发挥畜牧、环保等职能部门的作用，定期开展养殖技术、污染防治技术培训班。一是指导养殖场（户）正确合理选用饲料。依据不同畜禽品种、不同生长阶段、不同生产目的，采用不同的饲料，既提高饲料的利用率，同时也减少过量摄入养分对环境造成的污染。二是指导养殖场（户）严格遵守国家兽药管理相关规定，在养殖过程中严禁使用国家明令禁止、国际卫生组织禁止使用的所有药物，如瘦肉精等。严格用药规程，控制畜、禽用药，确保肉、蛋、奶等畜、禽产品品质安全，减少药物残留对环境的污染。三是大力宣传养殖业环保知识，增强基层干部、群众，尤其是养殖场（户）或养殖从业人员的环保意识（艾雪梅，2009）。

第六节　农作物秸秆污染防治

农作物秸秆污染主要指随意焚烧秸秆造成的大气污染和随意堆置和丢弃秸秆造成的视觉环境污染。随意焚烧秸秆所形成的浓烟不仅可改变大气的物理性能，而且对航空运输和地面交通造成严重影响，同时对人们的生活和健康造成一定的危害，进而影响工农业生产。秸秆的随意弃置，尤其是在村落环境中随意堆存和弃置，与生活垃圾、废水、畜禽粪便相混合，腐烂发酵，滋生蚊蝇等害虫，是村落环境“脏乱差”的重要因素之一。

一、秸秆与农业废弃物

农作物秸秆是农业废弃物中的农田废弃物，主要包括小麦、水稻、玉米、薯类、油料、棉花、甘蔗和其他杂粮等农作物秸秆。

《农业大词典》将农业废弃物定义为：农业生产、农产品加工、畜禽养殖业和农村居民生活排放的废弃物。一是农田和果园残留物（如秸秆、杂草、枯枝落叶、果壳果核等）；二是牲畜和家禽的排泄物及畜栏垫料；三是农产品加工的废弃物和污水；四是人粪尿和生活废弃物。

包括秸秆在内的农业废弃物主要是有机物，这些废弃物，若处理得当，多层次合理利用，是重要的资源和有机肥源，如饲草的过腹还田，鸡粪处理后作为部分猪饲料，利用农作物秸秆和粪便制取沼气，沼渣、沼液可以养蚯蚓、作肥料等，农业废弃物综合利用是生态农业研究和推广的重要内容之一。本节重点介绍农作物秸秆处置不当所形成的面源污染防治问题。

二、农作物秸秆的利用价值

据估计，每年地球上由光合作用生产的生物质约有 1 500 亿吨，其中 11%（约 160 亿吨）是由耕地或草原产生的，可作为人类的食物或动物的饲料部分约占其中的 1/4（约为 40 亿吨），可以说由光合作用产生的生物质有 75%为废弃物。在 40 亿吨的产品中，经过加工最后供人类直接食用的大约仅有 3.6 亿吨。而每年有待开发利用的废弃物（包括收获或加工过程中的）约为 135 亿吨，需要将其转化成食品或饲料（卞有生，2000）。

据联合国环境规划署报道，世界上种植的各种谷物每年可提供秸秆 17 亿吨，这部分生物质资源绝大多数未被加工利用。我国是世界上最大的农业国，每年产生各类农作物秸秆约 7 亿吨，其中稻草 2.3 亿吨，玉米秆 2.2 亿吨，豆类及其他作物秸秆 1 亿吨，花生和薯类藤蔓、甜菜叶 1 亿吨，秸秆的有机成分以纤维素、半纤维素为主，其次为木质素、蛋白质、氨基酸、树脂、单宁等（卞有生，2000）。

在天时四季循环更替控制下的传统农业社会，农作物秸秆基本上以还田或柴薪等方式得以资源化利用，秸秆作柴薪利用一直延续到现在。秸秆还田利用，一是保护性耕作所要求的将秸秆切碎，直接均匀地撒在耕地表面，既可当肥料，又有保温保湿作用。二是将秸秆切碎通过耕翻埋于土壤中。三是秸秆沤肥、堆肥。将秸秆与河塘泥及人粪尿同置于坑中压实经嫌气发酵，或将秸秆与泥土、人粪尿混合堆置地面经好气发酵，成为沤肥、堆肥再施于田间。四是秸秆过腹还田。将秸秆制成饲料，喂养牲畜，牲畜粪便再施于田间。作物秸秆堆沤肥料有“全素肥料”之称，能为作物生长提供各种常量元素和微量元素，秸秆还田可增加土壤有机质，提高土壤肥力，并可避免土壤板结，减少径流损失和肥料淋溶流失，改善土壤物理性状，使土壤容重降低、孔隙度增加，增加土壤透气性，有利于作物根系生长和微生物活动，最终促进农作物增产增效。

世界上把秸秆当做废弃物，始于石油农业的出现，大量的化学物质，如化肥、农药、除草剂等进入农业生产领域，极大地提高了农业产量，对不断增加的人口提供了粮食保障。我国自 20 世纪 90 年代前后，由于粮价偏低、秸秆回收利用成本过高或劳动力人手不足等原因，有相当一部分农民开始不再把秸秆作为薪柴利用或还田利用，有的农民深信秸秆就地焚烧既可增加土壤中的钾肥含量，还可以清除土地虫害，并且就地焚烧省工省时，于是稻麦两季，尤其是麦季焚烧秸秆现象十分普遍。由于秸秆焚烧产生的大量烟雾对大气环境污染严重，各级政府出面禁止就地焚烧秸秆，但成效不明显，出现了“年年禁烧，年年烧”的现象。禁烧工作做得不好的地区，是由于秸秆资源化利用渠道不畅，导致一些地区出现秸秆随意焚烧和弃置现象。秸秆的随意焚烧或丢弃，不仅造成大量生物质资源的浪费，而且对大气环境和村落环境造成严重的污染。从目前情况看，秸秆的处理与利用已成为我国农村农业发展面临的主要环境问题之一，但由于缺乏经济可行的技术，秸秆禁烧和资源化利用问题存在较大困难。

三、秸秆随意处置的危害

从整个农业面源污染发展形势看，我国的农业废弃物的产生总量，在今后相当长的一段时间内增加趋势明显，如果不加以合理的利用和处理，对环境的污染将更加严重。农业废弃物的处理与资源化不仅关系到资源的再利用和环境安全，而且与农业的可持续发展和农村小康社会的建设密切相关。秸秆焚烧和随意弃置，对环境和生产造成多方面的严重危害。

1. 污染空气环境，危害人体健康

有数据表明，焚烧秸秆时，大气中二氧化硫、二氧化氮、可吸入颗粒物三项污染指数达到高峰值，其中二氧化硫的浓度比平时高出 1 倍，二氧化氮、可吸入颗粒物的浓度比平时高出 3 倍，相当于日均浓度的五级水平（图 3-18）。当可吸入颗粒物浓度达到一定程度时，对人的眼睛、鼻子和咽喉含有黏膜的部分刺激较大，轻则造成咳嗽、胸闷、流泪，严重时可能导致支气管炎发生。

图 3-18　秸秆焚烧产生大量烟雾

2. 容易引发火灾，威胁群众的生命财产安全

秸秆焚烧，极易引燃周围的易燃物，尤其是在山林附近，一旦引发山火，后果将不堪设想。

3. 引发交通事故，影响道路交通和航空安全

由于高速公路两旁有大量的农田，焚烧秸秆形成的烟雾，造成空气能见度下降，可见范围降低，容易引发交通事故；秸秆焚烧所形成的烟雾，还能妨碍飞机起降，影响航空安全。

4. 破坏土壤结构，造成农田质量下降

焚烧秸秆使地面温度急剧升高，能直接烧死、烫死土壤中的有益微生物，腐殖质、有机质被矿化，田间焚烧秸秆破坏了这套生物系统的平衡，改变了土壤的物理性状，加重了土壤板结，影响作物对土壤养分的充分吸收，破坏了地力，直接影响农田作物的产量和质量，影响农业收益。

四、秸秆的资源化利用

近年来，在国家政策引导和扶持下，秸秆资源化利用技术不断完善和推广，保护性耕作技术、过腹还田、气化利用、食用菌基料利用、燃料利用和工业原料利用等产业化发展较快。采取市场化手段引进秸秆资源综合利用技术、设备，培育相关企业，把秸秆再利用做成新农村的一大亮点产业，既能增加农民收入，减少对环境的污染，同时有利于加快资源节约型和环境友好型社会建设步伐。

（1）大力推广保护性耕作技术，秸秆是很好的有机肥，秸秆粉碎后还田，既可肥田，又可松土，是一项一举两得的好办法。

（2）大力推广过腹还田技术，麦秸直接喂家畜，利用率较低，若经氨化和热喷处理后，利用率可大大提高，特别是热喷处理后，不仅可喂反刍家畜，同时，还可作鱼饲料。

（3）推广能源利用技术，主要是秸秆气化和沼气利用技术。

（4）工业利用。一条年产 300 吨的纤维乙醇生产线，加工 6 吨秸秆，就可生产出一吨乙醇和一吨木素，这是一项很值得推广的新技术项目。

（5）秸秆食用菌基质化利用（图 3-19）。可用秸秆作为基料生产食用菌：麦秸经过热蒸、消毒、发酵、化学处理，可用来种植平菇、草菇、凤尾菇等食用菌类，由于其来源广、成本低，大面积栽培食用菌，是比较经济合算的。稻草还可织成草帘用于塑料大棚保温和建筑施工过程中的保湿防冻。

（6）建材利用。制造秸秆人造板：在我国，以麦秸等农作物秸秆为原料生产人造板，资源十分丰富，产品能适应市场需求，具有较强的竞争力。大力发展秸秆人造板，既能使农民的秸秆变废为宝，也能节约木材、保护森林、保护生态环境，经济效益和社会效益明显，于国于民非常有利。实践表明，用麦秸或稻草生产的人造板质量轻、强度高；保温、隔热；可锯、可钻、可刨、可钉，机械加工性能好，完全可与木质人造板媲美。

图 3-19　用农业废弃物作基料培育花菇

第七节　土壤污染的危害与防治

一、土壤与土壤生态系统

1. 土壤

自然环境中的土壤生态系统是人类生存不可或缺的自然资源。土壤是由岩石的风化物在气候、地形、生物等因素作用下自然形成，由矿物质、有机质、水分、空气和土壤生物等组成的地球陆地表面能生长植物的疏松表层。对人类来说，土壤是一种可以永续利用却难以再生的资源。

2. 土壤生态系统

土壤生态系统是由土壤、生物、大气等生物和非生物环境构成的复合系统。在这个系统中，土壤、生物、大气三者进行着物质和能量的交换：作为生产者的植物吸收土壤中的养分、水分和大气中的二氧化碳，借助光合作用将太阳能转化成化学能和植物性产品；作为消费者的动物消费利用植物性产品；作为还原者的微生物将动物粪便和尸体分解，一部分以二氧化碳和水的形式释放到大气中，一部分以腐殖质的形式和矿物元素及其氧化物残留土壤；还有一部分随水流入海洋。土壤生态系统分森林土壤生态系统、草原土壤生态系统和农田土壤生态系统三种类型，本节主要介绍农田土壤生态系统的污染防治问题。

3. 我国土壤生态系统面临的危机

目前，我国是人多地少的国家，人均耕地面积是世界平均水平的 1/4。随着工业化、城市化的快速发展，水土流失、荒漠化、土壤污染等土壤生态危机日益严重。水土流失面积高达 380 万平方公里，占国土面积的 1/3。北方沙漠化面积 160 万平方公里，占国土面积的 17%，每年新增 2 460 平方公里。南方石漠化面积 346 平方公里，每年新增 2 000 多亩。草地退化面积每年新增 2 000 多万亩。工业“三废”和生活垃圾对土壤污染严重，仅矿渣、固体废弃物占地面积就多达 330 多万亩。受重金属、农用化学品、酸沉降、放射性物质、矿物油及致病微生物污染的农田面积已达 2 000 万公顷，相当于我国总耕地面积的 1/5。由于土壤形成过程极其缓慢，土壤环境一旦受到污染和人为活动的干扰，很难在短时间内恢复。

二、土壤环境污染

1. 土壤污染及其特点

土壤污染是指人类活动产生的污染物进入土壤并积累到一定程度，超过土壤本身的自净能力，使土壤的成分、性质发生变化，引起土壤质量恶化，导致土壤生态功能降低，影响农作物的产量和质量，并对土壤动植物和人体健康产生直接或间接危害的现象。土壤污染具有隐蔽性、持久性和不易被发现、很难清除的特点。

2. 土壤污染物及其种类

人们习惯上将对人体和生物有害的物质统称为污染物，包括化学农药、化肥，重金属，放射性物质和病原菌和寄生虫等。土壤环境具有很强的自净能力，当进入土壤环境的污染物总量低于土壤介质的自净能力时，不构成土壤污染；只有当进入土壤环境的污染物总量超出土壤的自净能力时，才会使土壤的物理、化学性质发生变化，导致土壤中的动物或微生物减少或死亡，不仅影响农作物生长，降低产量，还会使有害物质在农作物籽实或秸秆中残留或积累，对食品安全构成严重威胁。土壤主要污染物及其来源（见表 3-2）。

表 3-2 土壤环境主要污染物及其来源

污染物种类			主要来源
无机污染物	重金属	汞	制烧碱、汞化物生产等工业废水和污泥，含汞农药，汞蒸气
		镉	冶炼、电镀、染料等工业废水，污泥和废气，肥料杂质
		铜	冶炼、铜制品生产等废水，废渣和污泥，含铜农药
		锌	冶炼、镀锌、纺织等工业废水和污泥，废渣、含锌农药，磷肥
		铅	颜料、冶炼等工业废水，汽车尾气，农药
		铬	冶炼、电镀、制革、印染等工业废水和污泥
		镍	冶炼、电镀、炼油、染料等工业废水和污泥
		砷	硫酸、化肥、农药、医药、玻璃等工业废水，废气，农药
		硒	电子、电器、油漆、墨水等工业的排放物

污染物种类			主要来源
无机污染物	放射元素	铯	原子能、核动力、同位素等工业废水，废渣，核爆炸
		锶	原子能、核动力、同位素生产工业废水，废渣，核爆炸
	其他	氟	冶炼、氟硅酸钠、磷酸和磷肥等工业废水，废气，肥料
		盐、碱	纸浆、纤维、化学等工业废水
		酸	硫酸、石油化工、酸洗、电镀等工业废水，大气酸沉降
有机污染物	有机农药		农药生产和使用
	酚		炼焦、炼油、合成苯酚、橡胶、化肥、农药等工业废水
	氰化物		电镀、冶金、印染等工业废水，肥料
	3,4-苯并芘		石油、炼焦等工业废水、废气
	石油		石油开采、炼油、输油管道漏油
	有机洗涤剂		城市污水、机械工业污水
	有害微生物		厩肥、城市污水、污泥、垃圾

注：引自张乃明. 环境污染食品安全[M]. 北京：化学工业出版社，2007。

3. 土壤污染类型

土壤污染按污染物来源可分为人为污染和自然污染两大类。由自然因素引起的污染称为自然污染，如天然矿床中某种元素富集向周围土壤扩散形成的污染。由人类生产、生活活动引起的污染称为人为污染，这类污染影响面广，危害严重，是农村土壤污染防治的重点。根据污染物进入土壤的方式可分为：

（1）水体污染型。城郊农村普遍使用工业和城市生活污水灌溉农田引起的土壤污染。随污水灌溉进入农田的主要污染物有汞、镉、铅、铬、锌、铜、镍等重金属，砷化物、氰化物等无机化合物，油类，酚、醛、胺等有机化合物，酸、碱和盐类及其他悬浮物、致病菌等。

（2）大气污染型。工业生产及机动车辆排放的有害气体和粉尘，在重力作用下以干沉降和湿沉降的方式进入工业区外围和交通沿线土壤环境引起的土壤污染。其主要污染物是重金属和硫化物等。

（3）固体废弃物污染型。我国每年生产、生活中产生的固体废弃物多达数十亿吨，资源化利用率不足 50%，造成大量的固体废物堆存在农村环境之中。固体废物中的有害成分通过水蚀和风蚀等渠道进入土壤环境造成的土壤污染。

（4）农业污染型。主要是过量施入土壤的农药、化肥、除草剂和残留塑料薄膜所造成的土壤污染。

（5）生物污染型。利用未经处理的医院、屠宰场和生物工厂的污水进行灌溉，或者直接利用畜禽粪便作肥料所造成的土壤微生物、病原菌污染等。

三、土壤环境污染危害

土壤环境中污染物数量不断增加，随着食物链进入生物体内的毒物含量会逐渐积累，当积累到足够数量后，就会阻滞生物的生理、生化过程，出现生长发育停滞、畸变，或者死亡。土壤污染危害的严重性在于污染物通过食物链迁移，使整个生态系统中位于食物链各个环节上的微生物、植物、动物和人类共受污染物危害。污染物进入土壤，通过改变土壤的物理、化学性质，破坏土壤质量，造成农作物减产和降低土壤生物多样性，危害农村经济发展和农产品国际贸易。

1. 对植物生长的影响

土壤污染对农产品产量和质量有明显的影响，植物可从污染土壤中吸收污染物引起代谢失调、生长发育受阻或导致遗传变异。进入土壤的污染物能改变土壤微生物和酶的活性，抑制植物根系呼吸作用，影响根系的吸收能力，影响植物根系对土壤中营养元素的吸收。如镉能影响玉米对氮、磷、钾、钙、镁、铁、锰、锌和铜的吸收。锌、镍、钴和铝等元素能严重妨碍植物对磷的吸收。砷能影响植物对钾的吸收等。

进入土壤的污染物通过对植物根细胞核、线粒体、染色体的细胞超微结构和核仁结构的影响，抑制植物生长。如铅、镉能诱导玉米根、叶细胞核、线粒体和叶绿体结构的变化。重金属能抑制根尖细胞有丝分裂，使染色体畸变率提高。能破坏植物的仁核结构，影响其细胞遗传功能的正常发挥。重金属汞、镉通过对植物根系、花期的影响，抑制植物的繁育、生长。

大量残留积累在土壤中的塑料残片，逐渐形成了阻隔层，使土壤孔隙减少，降低了土壤通气性和透水性，影响了水分和营养物质在土壤中的传输，降低土壤肥力水平。严重影响植物根系发育和对水肥等营养物质的吸收，影响农作物生长，造成作物减产，连续覆膜时间越长，碎膜残留量越大，连续覆膜 10 年的耕地，小麦产量可降低 10%。

2. 对动物的影响

土壤污染对动物的影响是通过污染物在食物链中转移实现的。富集在植物体内的重金属随食物链进入并富集食草动物体内，使动物受到污染危害。如随农田径流进入水体的重金属元素能严重影响和破坏鱼类的呼吸器官，导致呼吸功能减弱。二嗪农、甲基对硫磷、乐果等农药能使鲶鱼的红细胞和血红蛋白下降。污染物对动物的内脏破坏作用明显，镉、氯等能使动物的肝脏受损，胃壁受损，肠上皮退化。铅、镉能使鱼脊椎弯曲。有机氯农药对鱼类、水鸟、哺乳动物的繁殖有严重影响，使许多鸟类蛋壳变薄等。

3. 对人体健康的影响

在被污染土壤中生长的农作物吸收和积累了大量重金属等有毒物质，这些富集在植物体内的有毒物质，通过农作物—人类，或农作物—动物—人类等食物链最终迁移富集到人体中，危害人体健康，引发疾病或造成致畸、致残、致癌等“三致”危害。

另外，病原体污染，包括寄生虫、传染性细菌和致病病毒等，可以直接传染给人，造成传染病流行。土壤被放射性物质污染后，通过放射性衰变，能产生α、β、γ射线，这些射线能穿透人体组织，使机体的一些组织细胞死亡，使受害者头昏、乏力、白细胞减少或增多、发生癌变等。

4. 对食品安全的影响

我国大多数城市郊区或城市下游以及工矿企业周围的农村都有数十年的污水灌溉历史，土壤受重金属污染十分严重，有许多地方粮食、蔬菜、水果等食物中镉、铬、砷、铅等重金属含量超标和接近临界值。加上过量或滥施农药、化肥，导致食品中的硝酸盐、农药残留严重超标，蔬菜的味道变差、易烂，甚至出现难闻的异味，影响农产品储藏和加工，进而影响农民经济收入和农产品对外贸易。

（1）镉污染。镉污染具有明显的积累性，土壤中镉的含量高，在这类土壤中生产的农作物中镉含量也高。一般情况下，粮食中含镉量超过 0.2 毫克/公斤时，就被认为是镉污染。我国已发现镉污染土壤 19 处，总面积约 20 万亩。镉污染严重的广州和上海川沙分别达 228 毫克/公斤和 130 毫克/公斤，“镉米”产区 11 处。当土壤表层镉含量为 0.13 毫克/公斤时，就具有潜在的危害。不同植物对镉的积累差别较大，如莴苣叶含镉高达 668 毫克/公斤，且外观上与正常莴苣叶没有明显差别，而对食用者来说却是不安全的（张乃明，2007）。

（2）铅污染。我国对食品铅的允许限量为 1～2 毫克/公斤。土壤铅污染一般发生在铅冶炼厂和天然铅矿附近，土壤中铅含量在 1 毫克/公斤时，被认为是无污染土壤。土壤中铅含量达 400 毫克/公斤时，对植物生长影响明显。铅主要积累在植物根系，子实、茎叶中只有一小部分。当土壤中铅含量为 75～600 毫克/公斤时，植物叶片中铅含量有明显增加，草食动物有铅中毒危险。随食物进入人体的铅，只有5%～10%被人体吸收，但长期摄入，也可引起铅蓄积。

（3）砷污染。土壤中的砷主要来自土壤自然增长率本底，含砷肥料，农药及含砷废水灌溉。砷在农作物中有较高的积累性。有机砷毒性较低，无机砷表现为剧毒，我国食品中砷的允许值限制在0.1～0.7毫克/公斤。

（4）汞污染。自然土壤中汞含量不高，但随污水灌溉和含汞农药喷施进入土壤环境的汞，会对土壤环境形成汞污染，严重时可达10～100毫克/公斤。一般情况下，汞不能在植物体内富集，当土壤中汞含量达到4毫克/公斤时，就能增加食物链中的汞含量，表现出植物对土壤汞的较高的积累性。北京市东郊汞污染土地达2万亩，平均含汞量0.652毫克/公斤。汞污染食品主要是水产品，汞对人体的危害很大。我国食品中汞的允许浓度限制在0.01～0.05毫克/公斤，水产品为0.3毫克/公斤。

（5）铬污染。工业废水污染，特别是制革废水及处理后的污泥是土壤铬的重要污染源。从土壤转移到植物中的铬大部分积累在根、茎、叶中，子实中积累量很少。三价铬是人体必需的微量元素，过量摄入会产生毒害，特别是六价铬，毒性比三价铬大100倍。食品调查分析表明，一般水果、蔬菜含铬量在0.1毫克/公斤以下，畜禽因生物浓缩作用，体内的铬含量往往比植物高，一般不超过0.5毫克/公斤。研究表明，成年人每日允许铬摄入量为3毫克。

我国目前受重金属污染的耕地面积近2 000万公顷，约占耕地总面积的1/5，其中镉污染耕地面积13 300公顷，涉及11个省的25个地区；被汞污染的耕地面积32 000公顷，涉及15个省的21个地区。沈阳、西安、太原、郑州、北京、天津、兰州、石家庄、哈尔滨等城市周围农田因污灌引起的重金属污染严重，约占全国污灌面积的90%以上。沈阳张士灌区污灌面积2 800公顷，土壤含镉5～7毫克/公斤，稻米含镉0.4～1.0毫克/公斤，最高达3.7毫克/公斤，每年约有125 000公斤稻谷不能食用（张乃明，2007）。

5. 土壤污染引起的其他环境问题

目前土壤中重金属来源越来越多，除了污水灌溉、农药等途径外，畜禽粪便、商用有机肥以及进口化肥中铜、铅、锌和镉的含有量都较高，长期使用会造成严重的土壤和农作物重金属污染问题。土壤受到污染后，含重金属浓度较高的表土容易在风力和水力的作用下分别进入到大气和水体环境中，导致大气污染、地表水污染、地下水污染和生态系统退化等其他次生环境污染问题，极易造成区域性的环境质量下降。土壤中的重金属沿着食物链富集放大，在粮食、蔬菜、水果、肉、蛋、奶等食品中残留，最终影响到人体健康。由于重金属污染没有明显的肉眼可见的标志，普通消费者无法从食品外观上判断食品是否受到重金属污染，生活中很难避免重金属污染危害。

四、土壤环境污染防治

目前，我国农田土壤生态系统污染危害日趋严重，已经引起各级政府和社会各界的广泛关注，土壤污染与食品安全、农村发展、农产品国际贸易关系密切。防治土壤污染，应从污染源入手，以防为主，以治为辅，采取综合防治措施。

1. 从污染源入手防治土壤污染

（1）制定和完善土壤环境保护的法律制度，将土壤污染防治工作纳入法治轨道，做到有法可依。如依法控制工业“三废”排放，确保经过处理达标排放，依法处理不达标排放、偷排、乱排等违法排放行为，将这类废水中的重金属等有害物质控制在国家许可的范围之内。

（2）加强土壤污染监测管理，定期对污灌区内的土壤进行监测，对土壤和灌溉废水中的污染物含有量进行双向控制，避免难以降解的污染物进入土壤环境。对监测发现的污染土壤，建议有关部门进行治理。

（3）合理使用农药、化肥、农膜。农药是土壤污染的最大污染源。对病虫害的防治应尽量采取生物措施或化学农药与生物技术相结合的措施。如选用抗病品种，间作套种，合理使用微肥和生长调节剂等措施来增强植物的抗病虫害能力。使用天敌昆虫、物理灭虫、生物农药和高效低毒农药等措施，降低农药用量或者改进施药机具和合理适时的用药方法，拒绝在蔬菜上施用剧毒农药，以减轻农药对土壤环境的污染。有效控制化肥用量，合理施用底肥，适时施用追肥，讲究施肥方法，以减轻化肥对土壤环境的污染。及时捡拾废旧农膜，以减少农膜残留对土壤环境的污染。

（4）改良土壤，提高土壤净化能力。增加土壤的有机质含量，采用沙土和草木灰掺和技术，改良黏性土壤，增加土壤对有害污染物的吸附、净化、转化能力，从而减少污染物在土壤中的活性，培养微生物新品种，提高土壤对污染物的降解作用，从而减轻土壤污染程度。

2. 修复和治理已污染土壤

在目前以农户为单位的联产承包经营条件下，对污染土壤的修复和治理，不论是从经济上，还是从技术上都有较大困难。这与有机氯农药成分和重金属容易在土壤中累积富集特性有关，这类污染物在土壤中降解转化需要很长时间。土壤一旦受到严重污染，其与食品安全相关的粮食、蔬菜等生产功能就会丧失。对这类被严重污染土壤的修复治理办法只有换土一个，这对经济收入尚不高的农户来说是根本办不到的。土壤一旦被污染，修复治理成本极高，目前尚未见有土壤修复治理成功的范例报道。对于难以修复治理的污染土壤，可采取改变种植结构和用途的办法，尽可能避免污染危害。如将粮食用地改为苗圃或用材林用地，以避免种粮食作物可能对人、畜造成的危害。

对污染较轻的土壤，可利用植物对某种重金属元素的富集原理，应用植物治理的方法去除土壤中的重金属。也可以采取施加有机质、有机肥和石灰的方法对污染土壤进行改良。这种方法，可增加土壤中的有机质含量，增加土壤对重金属的吸附能力，从而减少植物吸收。同时，腐殖酸是重金属的螯合剂，在一定条件下能和重金属结合固定，从而降低土壤中重金属元素含有量和毒性（王焕校，2006）。另外，向土壤中添加适当的黏合剂、土壤改良剂能在一定程度上缓解重金属的影响。

3. 向群众普及土壤环境保护、食品安全知识，提高农民群众的污染防治意识

让广大农村群众充分认识土壤环境污染危害的严重性，动员他们从自己的责任田入手，拒绝污水灌溉，合理施用化肥、农药，注重畜禽粪便的发酵处理利用，避免微生物、病原菌污染危害。只有动员广大农民积极参与到土壤环境污染防治中来，才能有效遏止土壤环境污染的严重化趋势。

第四章　农村畜牧业污染的危害与防治

农村畜牧养殖业是仅次于农业种植业的重要产业，我国畜牧业资源丰富，不仅有辽阔的草原，适宜发展纯牧型畜牧业，而且有分布广泛的农业地区的山地、草滩等草地和丰富的农作物秸秆资源，适宜发展农牧结合型畜牧养殖业。从当前情况看，在畜牧业地区有农业种植业生产活动，在农业种植业地区有牧养结合型畜牧业生产活动。

事实上农业和畜牧养殖业是互为补充的，农业为人们提供粮食、饲料、糖、布、茶、油、盐等，畜牧养殖业为人们提供肉、蛋、奶、皮毛、骨质及畜力等。从古至今，一般农户往往都会习惯性地饲养一些家禽家畜。《诗·王风·君子于役》所描写的："鸡栖于埘，日之夕矣，羊牛下来"，这种农村的傍晚景象一直延续了三千多年（白寿彝，1999）。时至今日，在我国部分省区，畜牧养殖业产值已超过农业产值。在许多村庄畜牧养殖业收入占到村民年收入的50%～90%。

与畜牧业相始终的粪便，在传统农业时代，是农业生产离不开的有机肥料，污染问题并不严重。当畜牧业发展到今天的规模化养殖阶段，大量产生的畜禽粪便一般不再用于农业生产，导致粪便污染日趋严重。

规模化养殖是现代农业发展的必然要求，要提高养殖效益，必须降低养殖成本，也必须使粗放经营的养殖业向集约化经营方向发展。由粗放经营走向集约经营的规模化养殖业，规模不断扩大，但养殖设施简陋，污染防治设施不配套，导致大量的畜禽粪便和废水不经无害化处理就直接排入了养殖场周围的环境之中，或不经处理直接当做肥料，或作底肥，或作追肥施于农田，对农田及其周围环境造成不同程度的面源污染，反过来对经济发展和社会进步以及人体健康造成不利影响。

第一节　我国畜牧业污染问题

我国是世界上经营畜禽、水产养殖业最早的国家之一，随着中华民族文明进步的历史足迹，我国畜牧业发展在经历了“拘兽以为畜”的原始畜牧业发展的漫长历史时期之后，出现了农业与畜牧业第一次大分工，逐步形成以放牧为主的草原畜牧业和以种植业为主、养殖业为辅的农区牧养结合型畜牧业并行的发展格局。以放牧为主的草原畜牧业发展规模受草地资源的制约，增长缓慢；以种植业为主的农区牧养结合型畜牧业发展方式先后经历了漫长的以农户为单位的庭院散养、庭院圈养的历史发展阶段，中间与土地所有制结构相适应，间接出现过大地主规模化养殖和大集体规模化养殖相对较短的发展时期，直到 20 世纪 80 年代初期，随着联产承包责任制在全国的推行，我国畜牧业发展进入以农户经营为主的快速发展阶段。不论是草原畜牧业还是农区养殖业均呈现出快速发展局面。在庭院散养和圈养基础上发展起来的规模化养殖业迅猛发展，规模越来越大。与畜牧养殖业发展方式的不同历史阶段相适应，养殖业对环境的污染也由轻到重一路走来，尤其是在现代畜牧养殖业技术的有力推动下，养殖规模越来越大，畜禽粪便大量排放，而且资源化利用和无害化处理设施严重滞后，逐步超出自然环境的自生自净能力，引起一系列环境污染和生态破坏等环境问题。

一、我国畜牧养殖业的发展

畜牧业在农村经济中所占比重不断增加（图 4-1），受到各级政府的重视，有许多农村，畜牧养殖业成为支柱产业，成为农民收入的重要来源。但与发达国家相比，我国的畜产品的人均占有量还处于较低水平，尤其是牛奶、牛肉和奶类制品产量较低。同时，由于受种质资源、经营规模、经营理念等条件和技术水平的影响，我国畜牧业的生产效率明显落后于世界平均水平。

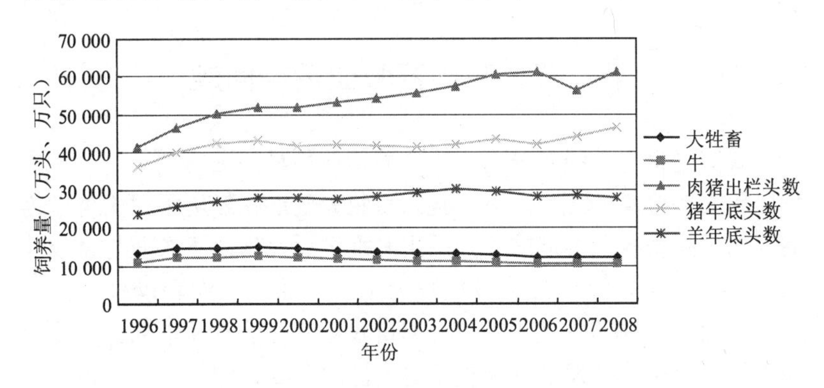

图 4-1　1996—2008 年中国牲畜饲养情况

（图中数据引自《中国统计年鉴 2009》）

20 世纪 80 年代初期，是我国规模化畜禽养殖业的起步阶段。这一时期的畜禽养殖开始告别过去的分散经营，圈养与散养相结合，规模小、头数少，畜禽废弃物可及时堆肥利用，对环境污染不太严重。村民在庭院养殖的基础上，逐步扩大养殖规模，鸡、鸭、鹅等禽类从几只到十几只，有的农户达数十只甚至上百只之多，有少数农户达数千上万只，或数十万只；猪、羊的养殖规模也不断扩大，经营数十头（只）规模的十分普遍，个别农户养殖规模达上百数千头；养牛业也发生了较大变化，开始从饲养耕牛向饲养奶牛、肉牛方向发展，从过去的每户一两头，逐步发展到现在的数十头，有的农户从 20 世纪 80 年代就开始了规模化养殖，成百上千头规模的养牛场在全国各地普遍出现。规模化养殖业的迅速发展，极大地丰富了城乡居民的物质生活，提高了农民的经济收入，对改善农村面貌发挥了重要作用，多数村民翻盖房屋的支出多来自于养殖业收入。但是，这一时期的规模化养殖业养殖设施落后，标准化建场的农户很少，多数是因陋就简，借助大集体时期的养殖设施，逐步发展起来的，村民根本就没有考虑粪便处理设施建设问题。养殖规模的扩大，导致大量的畜禽粪便产生，传统的堆肥利用模式已难以消解如此大量的畜禽粪便，街头、路边、田间、地头凡是有空闲之处，都成了畜禽粪便的堆存场地（图 4-2）。

图 4-2　山东某奶牛养殖专业村街头堆存的牛粪

二、我国畜牧养殖业的环境问题

目前，我国畜牧养殖业引起的环境问题日益突出，主要表现在两个方面：

（1）草原畜牧业出现过度放牧现象，造成严重的植被退化、草原沙化、盐渍化，对草原生态环境造成严重破坏。农业部发布的《2008 年全国草原监测报告》显示，2008 年全国重点天然草原的牲畜超载率为 32%。全国 266 个牧区、半牧区县（旗）中，牲畜超载率大于 20%的仍有 176 个县（旗）。尽管草原超载率呈现下降趋势，但广大草原超载过牧依然严重，开垦、乱征滥占、乱采滥挖等破坏草原生态环境的行为仍有发生，鼠虫灾害发生面积居高不下，沙化、盐渍化、石漠化现象严重，草原生态环境治理任务十分艰巨。

（2）农业地区的规模化养殖业快速发展，污染处理设施建设滞后，大量的畜禽粪便、养殖业废水随意堆存和沿街排放，对村落环境和农业生产环境造成严重污染，导致水体富营养化。但从我国目前养殖业地区发展情况看，不平衡现象较为严重，一些地区养殖总量已经超过当地土地负荷警戒值，对所在地的村镇生产、生活环境造成严重污染。占多数的规模较小的养殖场，畜禽粪便、废水的储运和处理能力不足，90%以上的规模化养殖场没有污染防治设施，其粪便和废水大多不经处理就直接排入周围环境中。全国有 40%的养殖场距离人畜饮用水源地不超过 150 米。更为严重的是，广大养殖业从业人员，甚至一些基层领导干部对畜禽粪便污染环境的危害认识不清。排入环境中的畜禽粪便、废水，加速了我国水体、土壤的富营养化趋势，导致部分湖、塘、河、池水体变臭，使这些水体成为滋生蚊蝇、寄生虫的场所，容易引起疫病传播，危害人体健康。滇池的水花、太湖的蓝藻、近海的赤潮、浒苔等都是水体富营养化的结果，这与养殖业污染密切相关。

第二节　牧区草原生态保护

我国是世界上第三大草地资源国，草地面积约有 4 亿公顷，占全国总面积的 42.05%，为耕地面积的 3.12 倍，林地面积的 2.28 倍，是我国六大自然资源（土地、森林、草地、矿产、水、海洋）之一。耕地面积的 1/3 是由开垦草地而形成的。我国的天然草地主要分布在从大兴安岭起向西南到横断山脉的斜线以西部分，大面积集中分布在西藏、内蒙古、新疆、青海、甘肃、广西、云南、黑龙江等省、自治区。斜线以东是典型的农业区，但也有相当面积的各种类型的草地，其中湖南、湖北、江西、河南、河北、贵州等省的草地面积在 400 万～700 万公顷。在农区与牧区之间是呈带状分布的半农半牧区，以 400 毫米等降水量线为农牧交错带的界限，该降水量线以北是牧区，以南是农区，该降水量线区域内则属于半农半牧区（王堃，张英俊，戎郁萍，2003）。

一、草地生态资源

我国纯牧型牧区草原面积约 3.13 亿公顷，可利用的 2.2 亿公顷，主要分布于西北、东北、西南 10 省、区的 266 个牧区县和半牧区县。农区草山、草滩约 0.87 亿公顷，可利用的 0.6 亿公顷，主要分布于南方各省和北方黄土高原地区。牧区草原有草甸、干旱、荒漠与半荒漠三种基本草地类型；农区草山草滩有温带、亚热带、热带灌丛、草丛，落叶与常绿阔叶林草地等基本类型。如按质量分，优等占 20%、中等占 50%、劣等占 30%。分布在各类草地的牧场资源有 5 000 多种，其中豆科 139 属 1 130 种；禾本科 190 属 1 150 种。已用于人工栽培的牧草有 100 多种。草地上的家畜资源有牛、羊、马、骆驼等；野生珍稀动物有野牛、野马、野骆驼、羚羊、鹿、獐、狐、貂、天鹅、鹤、鹰、鹫等（中国大百科全书，2009）。

西藏有天然草地面积 8 205.19 万公顷，占全国第一位。

西藏理论载畜量[①] 2 708.27 万羊单位，20 世纪 90 年代平均有各类家畜 2 300 万自然头，3 540 万羊单位，超载约 760 万羊单位，那曲地区超载 412 万羊单位，实际载畜量为理论载畜量的 165%，放牧过度，尤其是冷季过度放牧，是西藏草地退化的主要原因。全区退化草地面积占总面积的 14.83%，那曲地区退化达 40%（王堃，等，2003）。

内蒙古有天然草地面积 7 880.45 万公顷，可利用草地面积 6 359.11 万公顷，是我国第二大草原省区。

全区理论载畜量 4 420.16 万羊单位，但实际载畜量已超过 5 576

① 载畜量：衡量草原生产能力的一项指标。通常指在一定时期内、单位面积草原上，在放牧适度的条件下所能放牧的牲畜头数。一般用每公顷或每百亩草原上平均放牧的牲畜单位数（牛单位或羊单位）表示。

万羊单位，超载 26%。全区草地普遍退化，面积达 3 866.6 万公顷，约占草地面积的一半，其中轻度退化面积占 47%，中度退化面积占 35.3%，严重退化的占 17.4%（王堃，等，2003）。

二、草地生态破坏的危害

1. 草原生态环境遭到破坏，畜牧业生产力下降

草地退化是全世界面临的普遍问题，但我国的草地退化现象特别严重，退化面积大、速度快。20 世纪 80 年代初期，我国退化草地面积占草地总面积的 1/3。

据 1995 年调查，我国北方 12 个省区 398 个县（旗）的 274.22 万平方公里的草地中，已有 137.77 万平方公里的退化草地，占调查草地总面积的 50.24%。其中轻度退化草地面积为 78.94 万平方公里，占退化草地的 57.03%；中度退化草地 42.07 万平方公里，占退化草地的 30.16%；重度退化草地 16.75 万平方公里，占退化草地的 12.16%。草地退化造成单位面积牧草产量下降，与 20 世纪 60 年代相比，牧草产量下降 30%～50%，严重地区达 60%～80%，更为严重的是草地退化面积正在以每年 200 多万公顷的速度在持续扩大。造成草地植被稀疏低矮，品质下降，百亩草地的生产能力远远低于畜牧业发达的国家（见表 4-1）。

表 4-1 国际主要畜牧业国家百亩草地生产能力比较 单位：千克

国家	牛羊肉	牛羊奶	毛	肉牛胴体重	出栏率/%
美国	271	1 544	12	277	38.6
加拿大	279	2 001	3	265	32.7
前苏联	139	1 162	8	200	34.3
中国	12	24	3	109	20.2

引自：王堃，张英俊，戎郁萍．草地植被恢复技术[M]．北京：中国农业科学技术出版社，2003.

草地植被退化造成严重的生态环境破坏。从 1993 年开始，每

年春季发生在我国新疆、甘肃、内蒙古、宁夏等省、自治区的沙尘暴，风力达 8～12 级，持续时间长达一天左右，范围逐步扩大，不仅波及我国北方所有省区，而且影响到我国南方的部分省、市。

2. 人口与草地资源矛盾尖锐

以内蒙古为例，新中国成立后内蒙古人口增加了 4.5 倍，家畜头数也增加了 4.5 倍，而草地可利用面积却减少了 933 万公顷，使每个羊单位占有的草场面积从 4.5 公顷下降到 1.0 公顷，加上草地退化，生产力下降等因素影响，实际上每个羊单位占有的草场面积是 50 年前的 1/5。超载过牧造成草原生态的严重破坏。反过来严重制约草原畜牧业的发展。

3. 畜草供需失衡

草地畜牧业生产方式基本上是全年在天然草地放牧，对自然条件依赖性很强，这种生产方式极容易造成畜草供需失衡，一方面容易受利益驱使人为地增加牧畜数量，造成超载放牧，牧畜数量超出自然草地供给能力，形成羊多草少的矛盾，结果是草地退化，天然草地的生产能力进一步降低，牧草供给量进一步减少，造成畜草供需失衡。另一方面容易造成牧草的季节性供给与家畜长年需求之间的不平衡。导致家畜面临“夏饱、秋肥、冬瘦、春乏”的畜草供需的季节性波动，冷季掉膘，暖季增膘。另外，草畜供需矛盾年际变化也很大，如“十年九旱”的内蒙古草原，轻旱频率为 91.4%，中旱频率为 77.4%（三年两中旱），大旱频率为 31.4%（三年一大旱）。再加上气候的不确定因素大，草原旱情进一步加重趋势明显。气候的年际波动给草地畜牧业造成巨大损失，轻则使家畜掉膘，重则使家畜死亡，同时造成草地严重退化。

4. 生态屏障功能弱化

草地具有以下的生态屏障功能：

（1）调节气候，涵养水分。天然草地能生产出大量的有机质，这些有机质残体腐烂分解后形成大量的有机物微粒和碎屑，极易随风进入大气层形成“生物源冰核”，这些“生物源冰核”在云层中大量集聚，可促进大气降水。同时草地有保持水土，涵养水分，进而调节大气的温湿度功能。同样气候条件下草地的湿度比裸地高20%左右。地表温度，夏季草地比裸地低 3～5℃，冬季则相反，草地比裸地高 6～6.5℃。

（2）防风固沙，保持水土。研究表明，草地对防止水土流失，减少地表径流具有显著作用。从黄土高原水土流失测量资料看，农田比草地的水土流失量高 40～100 倍。种草坡地比不种草坡地地面径流可减少 47%，冲刷量可减少 77%。同时，草地防止水土流失的能力高于林地和灌木丛，生长 3～8 年的林地拦蓄地表径流的能力是 34%，而生长两年的草地拦蓄地表径流的能力为 54%，高于林地 20%。

（3）改良土壤，培肥地力。草地植被在土壤表层下面有大量的根系并残留大量的有机质，在土壤微生物的作用下，可以改善土壤的理化性状，并能促进土壤团粒结构的形成。豆科牧草的根瘤菌具有固定空气中游离氮素的能力，可为草地生态系统提供大量的氮肥。豆科牧草为主的草地，每年可从空气中固定氮素 150～200 公斤/公顷。生长 3 年的紫花苜蓿草地可从空气中固定氮素 150 公斤/公顷，相当于 330 公斤的尿素。

（4）净化空气，美化环境。草地植被通过光合作用参与碳氧循环，吸收空气中的二氧化碳并释放出氧气，一般草地每小时可吸收二氧化碳 1.5 克/平方米。牧草还能吸附大气中的尘埃和有毒气体，并能将其转化为蛋白质或无毒性盐类。如多年生黑麦草和狼尾草就具有抗二氧化硫污染的能力。另外草地还有减缓噪声和释放负氧离子的作用（王堃，等，2003）。所以说草原是我国生态安全的重要屏障，不仅是多种生物的基因库，而且可为人类提供大量的绿色肉、奶食品和皮毛、骨质等工业原料。草地退化严重，将严重影响肉、奶的有效供给，而且将大大弱化上述各项生态屏障功能。

5. 草原湿地生态功能衰退

由于草地退化，导致草原生态环境遭到严重破坏，有许多高原湖泊水位严重下降，或干涸，使草原湿地生态功能严重衰退。如内蒙古的呼伦湖，据监测，近几年来，呼伦湖水位连续下降 1.8 米，2003 年比历史最高水位下降 2.12 米，降到 40 年来的最低水位值；主体湖面积减少 307 平方公里。20 世纪 60 年代湖水为淡水标准，而目前已达到半碱标准。

三、防治草地生态破坏

草地生态系统的脆弱性决定了草地资源极容易被破坏，而且受自然条件的制约，受到破坏的草地植被自修复需要一个漫长的过程。从我国的草地退化情况看，有自然因素，也有人为因素，总的来看人为因素大于自然因素。从草地退化的人为因素来看，主要有过载放牧、过度刈割、过度开垦、过度樵采和狩猎以及矿山开采和旅游开发等。

人们在经济发展过程中，对草原的承载力认识不足，缺乏与草原生态系统相适应的畜牧业经济社会发展协调机制，不顾草原承载能力的盲目性发展，导致家畜数量过多，超载放牧、盲目开垦、过度樵采和猎杀等严重干扰了草原生态系统的自循环进程。正是人们的取之过度，人为中断了大自然的食物链条，使鼠、兔、虫害失去天敌，导致这些草原有害生物恶性繁殖，致使草原生物灾害频繁发生，加速了草原生态退化进程。不仅对草原植被造成严重破坏，而且还容易传染人畜共患疫病，历史上的鼠疫曾严重祸及人类，造成整个欧亚大陆大量人口死亡。

草地退化的自然因素是由草原生态系统自身的脆弱性所决定的。因我国的草地多分布在海拔较高的内陆高原、山地等干旱地区，年降水量偏少，气温低且年温差和昼夜温差大，草地植被生长缓慢，一旦破坏，植被修复十分困难。干旱、少雨、温度低、雪灾、火灾、风灾、荒漠化、鼠、兔、蝗虫及植被病害等生物灾害是草地退化的客观原因。

据统计，我国退化草地中，因不当的农业开垦造成的占 25%左右，过度放牧造成的占 28%左右，滥挖和樵采造成的占 32%左右，水分不合理利用造成的占 8%左右，修建房屋占 0.7%；因自然条件变化造成的只占 5.5%（王堃，等，2003）。从以上分析看，草地植被退化的主要原因是人类活动的不当干预。减少人类活动的不当干预，合理利用草地资源，是防治草原植被破坏和草地资源退化的根本出路。

1．控制人口增长，减轻草原压力

自 20 世纪以来，我国草原地区人口数量急剧增加，远远超过了自然生态系统的承载能力。按联合国粮农组织的标准，在没有外界能量输入的干旱、半干旱地区的自然承载力为 7～9 人/平方公里。而在我国长城沿线的陕西段人口密度达到 70～120 人/平方公里，并且人口数量还在不断增加。在没有外界能量输入情况下，要满足不断增加人口的生存需要，只有两条路可走：一是开垦草地扩大耕地面积，增加粮食生产；二是增加牧畜饲养量。看来，控制人口增长，是防治草地资源退化的根本出路。

2．严格控制超载过牧现象，合理利用草地资源

草地资源是自然资源，草地资源生产是在自然因素调节下进行的，适当的放牧可以促进畜草间的碳氧循环，增加草地肥力，有利于维护草地生态系统的平衡。但是因人口增加而导致大量水热条件好的草地被开垦，使草地面积总量减少，加上不当开垦引起的草地沙漠化损失，迫使不断增加的家畜集中在不断减少的草原上，造成严重超载放牧。如赤峰市，1949 年草场面积为 1 047.45 万公顷，牧

畜总数为 133.80 万头；1998 年牧畜总数增加到了 940 万头（只），草场面积却下降到 582.74 万公顷。50 年间，牧畜总数增长了 6 倍，草场面积降低 45%，这一多一少的必然结果是超载过牧，草地退化。所以，严格控制草地超载过牧现象，合理利用草地资源是控制草地退化的又一出路。

3．严禁盲目开垦，减少草场沙化危害

超载过牧引起的草地退化是一个渐变过程，而盲目开垦造成的草场面积退化却是一个突变过程。由开垦草地而形成的农田，多数是旱作雨养农业，夏季雨水较多，土壤除雨蚀外很少被风蚀，而在漫长的冬春季，风大而雨水少，农田土壤缺少植被保护，极容易被风蚀，造成沙化，从而祸及周围草地，造成草地的沙漠化。历史上的“西北粮仓”乌兰布和，因过度垦殖而变成了今天的茫茫沙海。所以，只有减少或禁止盲目开垦，才能有效减少草地的沙漠化危害。

4．严禁滥挖和樵采，减少草地植被损失

近几年因滥挖黄芪、苁蓉、甘草、发菜等药材造成草地退化面积达 1 000 多万公顷。内蒙古草原因挖发菜涉及草场面积约 1 467 万公顷，导致约 400 万公顷草原成为沙漠地带，其余 1 000 多万公顷也正在沙化过程当中。有调查显示，蒙宁大草原至少有 50%以上的草地因滥挖药材而遭到破坏。据观察，在荒漠草原上每挖 1 平方米的草地，就会引起 3～5 平方米的草地沙化。

历史上，柴草、牛粪是草原人民生活离不开的重要能源。一般情况下，5 口之家一年的柴草需求量为 3 吨左右，是 1 公顷的乔灌木可采量。河北省丰宁县坝上草原，每年约有 6 500 公顷乔灌木被薪柴利用，樵采面积相当于该县全年的治沙面积。牛粪的捡拾能源利用，是在与草地争肥，久而久之也容易造成草地因有机质不足而退化。所以，在干旱半干旱沙漠草原区，严禁滥挖和樵采，可以有

效减少草地植被损失。

5. 科学制定发展规划，合理利用草地资源

由于干旱区的草地多为沙性土壤，容易因风蚀而沙化，不合理的采矿利用、筑路利用、居住利用可以迅速地造成草地的退化、沙化。我国的霍林河煤矿和准格尔煤田、神木煤田周围草地的沙化就是煤矿开采造成的。有资料显示，矿山开采破坏的植被面积是开矿面积的 4～5 倍。这些被破坏的植被如不及时恢复，很容易沙化或水土流失。我国因政策失误导致的草地退化、沙化现象十分严重，“农业学大寨”时期，在华北农牧交接地带，错误的人口政策和“羊上山、粮下川”等造地运动，大量地破坏了这一地区的草地生态系统，引起严重的沙漠化生态恶果，对当地的经济社会发展造成长期危害。所以，在我国华北及西部生态脆弱地区，应结合当地实际科学制定发展规划，合理利用草地资源，加大三北防护林建设力度（图 4-3），才能有效防治草地的退化、沙化。

图 4-3　三北防护林带

（引自新华网，丁铭，2006）

第三节　农区畜牧业污染防治

畜牧业是从事经济动物饲养、繁殖和动物产品生产、加工、流通的产业。它与种植业一起构成农业中相互依存的两大支柱。农区牧养结合型畜牧业在过去很长的时期内，只是作为与种植业相结合的副业，除牛、马、骡等役畜作为农村的重要动力来饲养外，猪、羊、鸡、鸭、鹅等畜禽的饲养都在很大程度上利用农业生产和农民生活中的一些副产品和废弃物。这种农牧结合的体系有利于农业生产，但因囿于自给经济，生产技术和生产水平的提高十分缓慢（中国大百科全书，2009）。

我国农区畜牧业规模化发展始于20世纪80年代初的农村联产承包责任制的实行，农民摆脱人民公社和生产队集体经济对自由劳动的束缚，在庭院养殖业（自给式散养）的基础上，从三五只鸡、鸭、鹅，一两头猪（羊）起步，养殖规模不断扩大而发展起来的商品化畜牧业。也就是说，此时的养殖业已经摆脱了自给经济和集体经济的束缚，养殖业生产品不是直接用于改善自家的生活，也不再上交生产队，而是为了出售获得理想的报酬。

在利益机制推动下，庭院式养殖规模不断扩大，引起畜牧业生产的社会专业化再分工，精液、胚胎、种畜（禽蛋）、繁育、肥育、兽医、兽药、配合饲料、畜禽收购、运输、屠宰、加工、销售等环节相对分离并实行专业化商品经营，使畜、禽产品进一步改良并得以迅速推广，配合饲料迅速发展，使畜禽养殖业经营者不但有可能获得养分组合适当的高效饲料而使生产成本大幅度降低。养殖规模越大，生产成本越低，利润回报就越高，从而推动了养殖规模的不断扩大。

农村环境问题的严重化趋势与畜牧业的规模化密切相关，是不断扩大的规模化养殖业发展过程中普遍忽视了污染防治设施的配套建设，导致大量的畜禽粪便不经任何处理直接进入了环境，引起村落环境和农业生产环境污染、水体富营养化、滋生蚊蝇、传播人畜共患病、危害人体健康等一系列环境问题。

一、农区畜牧业地域分布

在上一节介绍了牧区畜牧业盲目发展所造成的草地植被严重退化、沙化等环境问题。这一节重点介绍农区畜牧业，即农村养殖业规模化发展所引起的环境污染等环境问题。我国农、牧区畜牧业的大致分界，是以东起大兴安岭北端，向西南经阴山山脉、青藏高原东缘，顺横断山脉南下至云南西部一线。以西为牧区畜牧业，以东为农区畜牧业，农、牧区之间有一个农、牧交错的过渡地带，也称之为半农半牧区。但我国畜牧业存在不同程度的插花分布状态，牧区内也有种植业与养殖业并重的以圈养为主的畜牧业生产，而农区也有山地和滩地等草地资源，存在着以放牧为主的畜牧业生产，如闽、浙、赣等省的山地、丘陵和太行山脉等山地的放牧式畜牧业也很发达。

我国农区畜牧业主要分布在东部地区，北起黑龙江，南至海南岛，土地面积约占全国总面积的 48%，牧畜数量约占全国的 3/4，其中猪与家禽约占全国的 95%以上。生产的肉、蛋、奶等产品约占全国总量的 90%以上，其中猪肉占 97%，蛋类占 90%，奶类占全国总量的 2/3。

改革开放以来，政策上允许农民发展多种经营和合理调整产业结构，随着人们生活的不断改善，市场对畜禽产品的需求量进一步增加，在部分靠养殖致富的农民带动下，几乎是所有农民都在庭院中利用农余时间搞起了养殖，庭院养殖规模不断扩大，肉、蛋、奶等产品市场供应充足，极大地提高了城乡人民的生活水平。

二、农区畜牧业的规模化发展

农区畜牧业规模化发展始于 20 世纪 80 年代初期的庭院养殖业。我国庭院养殖业发展历史悠久，过去是在自给经济意识支配下，出于改善自家生活的目的，利用厨余物和吃不完的粮食饲养少量猪、羊和鸡、鸭、鹅等小型畜、禽。随着人民公社的解体和联产承包责任制在全国的推行，以家庭为单位的庭院畜禽养殖业迅猛发展，在一些靠养殖致富农户的示范带动下，养殖规模不断壮大，在很多农村，养殖业由副业演变为主业，一些养殖专业户逐步退出种植业，从庭院规模化养殖转向专业化养殖场养殖，以其强大的市场活力活跃在农村经济舞台上。在巨大的种畜、饲料市场需求刺激下，独立的种畜繁育、饲料生产渐成体系，经营管理的集约化程度不断提高。由于受“左”的思想束缚，一些规模较大的养殖户纷纷寻找集体挂靠，以取得市场主体地位，所以，活跃在市场上的集体、国有养殖场，事实上是由挂靠集体名誉下和承包国有、集体养殖场的个体经营者逐步取得养殖业主导地位。

进入 20 世纪 90 年代以来，在邓小平同志南巡利好政策引导下，农村养殖业与乡镇企业一道迎来了第二个快速发展的历史机遇，国家进一步放宽了民营经济的准入门槛，养殖规模和养殖水平进一步提高，原先挂靠集体名誉或承包经营的农户纷纷走上独立发展道路，一大批万头猪场、千头奶牛场、十万、数十万只鸡的大型养殖场出现在祖国大地上（图 4-4）。

图 4-4 四川省乐山市某规模化养猪场

（引自 http://www.scol.com.cn）

在引进国外先进技术、设备和种质资源的基础上，逐步选育出适合我国气候条件的优秀品系，肉、蛋、奶产品质量不断提高，逐步接近国际水平，个别品系在国际市场上独领风骚。随着国家为提高城乡人民的物质文化水平为主要内容的城市“菜篮子工程”的实施，我国的一些大中城市规模化畜禽养殖业蓬勃发展，1991 年，北京市共有养猪场 1 684 个，其中规模化养猪场达到 1 022 个。1998 年，上海市有养猪场 596 个，饲养生猪 330 万头，其中万头以上猪场有 109 个。广东省养殖业的集约化程度高达 90%以上。

目前，我国畜禽养殖业呈现出庭院散养和小型规模化养殖与大中型养殖场规模化养殖并存发展的局面，为了解决环境污染问题，许多农村纷纷规划了养殖小区，以家庭为经营主体的养殖小区，逐步向规模化方向发展，养殖规模越来越大，许多农村庭院养殖户走上了规模化发展道路。各大、中城市已经建立起自己的副食品生产基地，大型规模化养殖场开始主导市场价格，左右生产和市场供应，与 1978 年相比，我国养殖业发展成绩斐然（见表 4-2）。

表 4-2　1996—2008 年中国牲畜饲养情况　　单位：万头

年份	大牲畜		肉猪出栏头数	猪年底头数	羊年底头数
		牛			
1996	13 360.2	11 031.8	41 225.2	36 283.6	23 728.3
1997	14 541.8	12 182.2	46 483.7	40 034.8	25 575.7
1998	14 803.2	12 441.9	50 215.1	42 256.3	26 903.5
1999	15 024.8	12 698.3	51 977.2	43 144.2	27 925.8
2000	14 638.1	12 353.2	51 862.3	41 633.6	27 948.2
2001	13 980.9	11 809.2	53 281.3	41 950.5	27 625.0
2002	13 672.3	11 567.8	54 143.9	41 776.2	28 240.9
2003	13 467.3	11 434.4	55 701.8	41 381.8	29 307.4
2004	13 191.4	11 235.4	57 278.5	42 123.4	30 426.0
2005	12 894.8	10 990.8	60 367.4	43 319.1	29 792.7
2006	12 287.1	10 465.1	61 207.3	41 850.4	28 369.8
2007	12 309.3	10 594.8	56 508.3	43 989.5	28 564.7
2008	12 250.7	10 576.0	61 016.6	46 291.3	28 084.9

引自中国统计年鉴（2009）；表中大牲畜包括牛、马、驴、骡、骆驼。

三、农区畜牧业污染防治

随着我国畜禽养殖业规模的不断扩大，每日产生大量的粪便资源，但由于粪便资源化利用能力不足或不当利用与堆存，导致大量的资源浪费，这些被浪费的粪便资源大多进入了周围环境之中，造成严重的恶臭、富营养化、滋生蚊蝇、传播疫病等环境问题。但是从整个养殖业发展情况看，因养殖业发展造成的环境问题远不只是粪便资源浪费所造成的污染问题，而是整个养殖业所产生的废弃物污染问题，包括饲料生产和喂养环节掺入的化学添加剂等入口污染、畜禽粪便、养殖业废水和畜禽产品屠宰加工所产生的废弃物和废水以及病死畜禽的不当处理等方面。

1. 饲料生产和喂养环节的污染防治

我国在畜禽饲养过程中违规使用添加剂、兽药问题普遍存在，不仅威胁食品安全，而且污染环境。目前在饲料中使用的添加剂有以下三类：一是营养性饲料添加剂，是指用于补充饲料营养成分的少量或微量物质，包括饲料级氨基酸、维生素、矿物质微量元素、酶制剂、非蛋白氮等。二是一般饲料添加剂，是指为保证或者改善饲料品质、提高饲料利用率而掺入饲料中的少量或微量物质。三是药物饲料添加剂，是指为预防、治疗动物疾病而掺入载体或稀释剂的兽药预混物，包括抗球虫药类、驱虫剂类、抑菌促生长类等。

随着我国城乡居民收入的不断增加，人民生活水平有了很大提高，肉蛋奶人均消费量均已经接近或达到国际平均水平。但是在畜产品生产过程中，兽药、饲料添加剂、消毒剂等畜牧业投入品也被大量使用以及养殖场环境污染造成畜产品中兽药残留和其他有毒有害物质超标，并导致畜产品质量安全问题越来越成为社会广泛关注的焦点和热点。

兽药残留：为了提高生产效率和饲料的利用效率、促进动物生长、预防疾病，生产中常常使用各种兽药及药物添加剂，这样往往造成药物残留于动物组织中，对公众健康造成直接或间接的危害。目前，对人畜危害较大的兽药及药物添加剂主要包括抗生素类、磺胺类、呋喃类、抗寄生虫类和激素类。动物治疗和预防用药一般是间断的、个别的，而作为饲料添加剂的用药是持续的、普遍的，累计量较大，往往在畜产品上市前才停用，很容易造成兽药残留量超标。如一些奶农为了防止细菌大量繁殖，抑制原料乳中酸度的提高，提高保质期，人为添加青霉素等抗生素等。

饲料质量：饲料是畜产品生产的主要原料，饲料的质量不仅与动物的生产能力有关，而且与动物产品的质量密切相关。在饲喂过程中蓄积在动物体内的有毒有害物质对环境造成的污染或通过人体蓄积所造成的影响是长期的。

动物疫病：动物疫病是影响动物性食品安全卫生的主要问题之一。当动物患有疾病时，不仅会使畜产品质量降低，而且通过肉、乳、蛋及其制品将疾病传染给人，引起食物中毒、人畜共患传染病或寄生虫病发生，影响食用者的身体健康和生命安全，甚至危及国家安全和社会稳定。疯牛病、新城疫、禽流感、口蹄疫、猪流感等是近几年来危害较大的疫病，不仅对畜牧业生产造成很大的损失，而且传播人畜共患病。2010 年在世界上流行的甲型 H1N1 流感就是人猪共患病。

环境污染：由环境污染造成的畜产品质量安全问题主要是在畜禽生长过程中，在呼吸、吸收或进食、饮水时环境污染物进入或积累在畜禽体内，从而影响畜产品的质量安全。目前有很多养殖场的环境条件不符合要求，一些养殖者为了减少投入、降低生产成本，在有限的棚舍内饲养过量的畜、禽，并且分群不合理，减少了每一畜禽的生存或活动空间，致使环境中的微生物、有害气体和刺激性尘埃浓度过高，导致畜禽发生呼吸道疾病和传染病。

要保证肉、蛋、奶等畜禽产品的质量安全，必须解决以下畜禽养殖的入口污染问题：

（1）严格控制畜产品中的药物残留，减少在饲养过程中抗生素的使用，严禁使用不符合规定的药品、饲料和饲料添加剂以及兽药。要做好药物来源、用药品种和数量登记，科学用药，以消除药物残留的危害。

（2）提高饲料质量，健全和完善饲料标准化检测体系，提高饲料行业管理水平，为饲养业提供切实有效的保障。严禁违法生产、经营、使用饲料和饲料添加剂。提高使用者对饲料安全因素的认识，确保饲料安全可靠。

（3）防止源头污染，畜禽饲养场或饲养小区应建立在地势干燥、有利于防疫，符合无公害畜、禽产品生产要求的地方，远离工业污染；与屠宰加工厂、畜、禽产品交易市场、居民区等保持一定的距离。肉、蛋、奶产品加工应符合动物防疫和环保要求，生产区布局合理，建筑材料和工艺流程符合有关规定，无害化处理和消毒设施齐全。

（4）加强动物防疫体系建设，建立与 WTO 规则接轨的动物疫病区域化管理模式，积极推行 FAO 制定的良好 “疫情管理规范”，确保兽医防疫有关技术措施、技术标准和管理程序与国际惯例和通行做法相一致。

（5）建立健全畜产品信息可追溯制度，畜牧信息档案必须反映动物进圈、兽药和饲料使用情况，以及防疫消毒、隔离治疗、休药期、出栏、屠宰、检疫检验、冷却、销售等原始数据，对没有有效免疫标志的畜、禽产品一律不准上市流通；出现问题的畜、禽产品，将按标识号码检索免疫档案，并追究有关人员的责任。

（6）要加强法律、法规宣传，促使畜、禽产品生产者、经营者依法生产经营。加大对危害畜产品质量安全行为的打击力度，加强畜产品质量安全知识的科普宣传，提高生产者和消费者的自我保护意识。

2. 农区畜牧业粪便污染防治

畜牧业粪便污染防治因其与农村生活环境污染和农业面源污染

有密切关系，所以，分别在第二章“村落环境问题的危害与防治”中设专节介绍了庭院养殖污染的危害与防治，在第三章“农业源污染的危害与防治”中专节简要介绍了集约化养殖业粪便污染防治问题，但没有系统论述。

规模化养殖产生大量的畜禽粪便和废水、残余或散落的饲料等废弃物，除部分沼气利用外，大部分没有得到资源化利用和无害化处理。在多数农村，畜禽粪便的堆肥利用或直接施入农田利用是主要的利用方式，这种利用方式受农作物生长季节性影响大，底肥只能在种植前施用，追肥只能在农作物生长的一定阶段施用，否则会影响农作物生长。而畜禽粪便每天都会发生，这些天天增加的粪便资源只能暂时堆存起来，留待施肥季节到来时才能被作为肥料利用，所以，人们印象中的畜禽粪便对环境的污染，正是这些堆存在房前屋后、田头地边的粪堆和牲畜尿液及废水引起的。

规模化养殖场所产生的污染物有粪尿、臭气、废渣等有机废弃物，这些废弃物是放错了地方的资源。一头猪平均每天排泄粪尿 6 公斤，产生污水 30 公斤，一个存栏万头猪场，每天排污在 300 吨以上。一只鸡平均每天排粪便 36 克，一个 10 万只的养鸡场每天排泄粪便 3.6 吨，污水 20 吨。一头牛每天排放粪尿 50 公斤，一个一千头的养牛场每天排泄粪尿 50 吨。这些畜禽粪尿无疑是很好的有机肥料资源，在农业种植业生产中合理利用这些资源，可以增产保丰收。

根据我国畜禽养殖业每年的出栏数量和存栏数量可以计算出我国每年产生的畜禽便溺物资源发生量（见表 4-3）。

我国畜禽便溺物年发生量已达 42 亿吨，其中牛粪尿 29 亿吨，猪粪尿 9 亿吨，羊粪尿 2 亿吨，禽类粪便近 2 亿吨。畜禽便溺物中含有的氮、磷量分别为 5 157 万吨和 1 017 万吨。超过了我国化肥的年施用量。

表 4-3　我国 2007 年畜禽便溺物排放总量

	牛	生猪出栏数	猪年底头数	羊	家禽
总数/（万头）	149 540.3	56 508.3	43 989.5	54 135.4	1 459 767
粪/（千克/头·天）	30	2.2	2.2	2.15	0.15
尿/（千克/头·天）	18	2.9	2.9	—	—
粪/（亿吨/年）	16.2	2.2	3.5	4.2	7.9
尿/（亿吨/年）	9.7	2.9	4.6	—	—

注：1. 表中畜禽总量数据引自《中国农业统计年鉴 2008》。
2. 生猪的生长期是 80 天。牛，猪，羊，家禽的生长期是 60 天。
3. 家禽粪便量特指肉禽的粪便量。

畜禽便溺物是宝贵的农业生产资源，不仅可以作肥料，而且可以作饲料。如果这些宝贵的资源不能循环利用，就会通过大气、水、土壤等途径进入环境，对农村环境造成严重污染。不仅影响工农业生产，而且影响人们的日常生活，危害人体健康。目前有半数以上的畜禽规模化养殖场每天产生的大量粪便长期堆存，尿液和废水直接排入了周围环境。在温度、湿度的共同作用下，发酵蒸腾产生恶臭气体、滋生大量蚊蝇，对周围的空气、土壤、水体造成严重污染。同时，畜禽便溺物中含有一定量的重金属、抗生素和其他化学成分，含有病原微生物、寄生虫卵。据测定，猪场污水中总固体物为 15～47 克/升，COD（化学需氧量）为 55～32.5 克/升，牛场污水沉淀物中 COD 为 14～32.8 克/升，BOD（生物需氧量）为 4.2～5.2 克/升，总固体悬浮物 6 克/升。在 1 毫升养殖场污水中有 83 万个大肠杆菌，69 万个肠球菌（卞有生，2000）。这些未经处理流入河道、池塘、湖泊等地面水体后，由于氮、磷等富营养化物质，导致藻类恶性繁殖，大量消耗水中的氧气，使水质变臭，严重影响淡水养殖业和水上旅游业发展。

防治养殖业废弃物对环境的污染，需要从立法管理、资源化利用、污染治理等环节采取有效措施。

（1）严格控制养殖规模，大力提倡科学养殖。应适当限制现有养殖企业的过度扩张，养殖密度不宜过大，产品销售半径不宜过长，提倡订单生产，避免盲目生产，理性分析市场需求，稳定生产规模，有效遏制市场波动对畜、禽产品生产的影响。

（2）深入调查研究，依法规范养殖业污染物排放标准，加强管理，对达不到污染物排放要求的养殖场限期治理，对没有污染防治设施的已建企业，必须补建污染防治设施，否则一律关闭。

（3）合理布局，严禁在水源地、人口稠密区及其他环境脆弱区新建规模化养殖场，对已建养殖场要限期搬离。

（4）严格执行“三同时”制度，由于历史原因和市场肉、蛋、奶价格波动的影响，许多养殖场在建设初期没有配套建设污染防治设施，一些庭院养殖户钻政策的空子，养殖规模接近限制值，严重影响左邻右舍的正常生活。对没有污染防治设施的规模化养殖场应限期建设污染防治设施。严格限制庭院养殖规模，鼓励庭院养殖向养殖小区转移，新建养殖小区必须进行环境影响评价，配套建设污染防治设施。

（5）严格环保监管，及时调处养殖污染纠纷，切实保障广大村民的环境权益。对违法违规养殖现象坚决取缔。

（6）加大畜禽粪便资源化利用力度，大力发展生态农业和循环经济，使养殖业走上持续发展轨道，这是养殖业污染防治的根本出路。

3. 畜禽屠宰污染防治

我国畜禽屠宰污染主要存在于小城镇和广大农村地区的小型屠宰场和临时屠宰点。这些分布在农村各个乡镇的小型屠宰场基本上是半机械化或纯手工屠宰方式。这些屠宰场（点）对环境的污染表现在杂碎等弃置物污染、废水污染、噪声污染、细菌污染等方面。

农村屠宰场（点）污染防治，首先是各级政府应加强管理，对农村肉食品安全切实负起责任。提高畜、禽产品质量，按照畜禽屠宰管理办法，统一规划屠宰场点和肉食品供应点，保证村民不出村就能买到放心肉。严格卫生检疫制度，尽可能采取现代化屠宰方法，配套建设屠宰场（点）的污染防治设施，杜绝屠宰环节肉品感染，让老百姓能够买到放心肉。其次是加强群众食品安全教育，让他们了解随意屠宰可能带来的危害，尽可能减少自养自宰现象。最后是加强环保执法力度，对屠宰污染严重的责任人给予必要的批评教育或行政处罚。

第四节　水产养殖业污染的危害与防治

我国是世界上水产品第一养殖大国，水体质量直接关系着我国水产养殖业的健康发展，也决定着水产品的质量。近几年来，水体污染是令广大水产养殖户最头痛的一大难题，水产养殖业污染事件频繁发生，给水产养殖户和渔民造成巨大损失。

一、我国水产养殖业发展概况

水产养殖业是指人类利用可供养（种）殖的天然水域或人工建造的水体，按照养殖对象的生态习性和对水域环境条件的要求，运用水产养殖技术和设施，利用水生动植物机体本身的生命力繁衍生长的生物资源，饲养和繁殖水生经济动、植物的活动，包括海水养殖和内陆淡水养殖。海水养殖是利用浅海、滩涂、港湾等海水水域养殖贝类、藻类、鱼类和甲壳类等水产品。内陆水产养（种）殖是用池塘、水库、湖泊、江河等内陆水域养殖鱼类、贝类、甲壳类、两栖类和爬行动物及藻类、芡、莲、藕等水产的养殖、种植等经济活动。

中国水产养殖、捕捞业是一项最古老的社会生产活动方式，历史悠久。古代先民们用兽骨制成鱼叉、鱼镖等工具从河流、湖泊、浅海、滩涂捕捉鱼、贝类，是远古渔猎时期人类获得生活资料的重要手段之一。公元前 1142 年（殷周时期）已知凿池养鱼。范蠡约在公元前 460 年著有《养鱼经》，为世界最早的养鱼文献。新中国成立后，在中国共产党的领导下，掀起了兴修水利的热潮，通过新建或改造一些可供养殖的水域和潜在水域，扩大养殖面积和提高水体单位面积产量。

改革开放以来，联产承包责任制延伸到水产养殖领域，极大地调动了农民的生产积极性，水产养殖领域不断拓展，养殖技术不断提高，工厂化，机械化，高密度温流水、网箱（包括多层网箱），人工鱼礁，立体、间、套、混等养殖模式不断创新，使水产养殖业向集约化、规模化经营方向发展，取得显著成就（见表 4-4）。

表 4-4 1978—2008 年我国水产品产量变化情况 单位：万吨

年份	海洋水域水产品产量	内陆水域水产品产量	养殖水产品产量	捕捞水产品产量
1978	359.5	105.9	121.2	344.2
1980	325.7	124.0	134.6	315.1
1985	419.7	285.4	309.0	396.2
1990	713.3	523.7	607.8	629.2
1995	1 439.1	1 078.1	1 353.1	1 164.1
2000	2 203.9	1 502.3	2 236.9	1 703.8
2001	2 233.5	1 562.4	2 365.6	1 655.2
2002	2 298.5	1 656.4	2 522.2	1 658.7
2003	2 332.8	1 744.2	2 626.8	1 679.3
2004	2 404.5	1 842.1	2 783.8	1 693.1
2005	2 465.9	1 954.0	2 943.8	—
2006	2 509.6	2 074.0	3 117.8	—
2007	2 550.9	2 196.6	3 278.3	—
2008	2 598.3	2 297.3	3 412.8	—

注：表中数据引自《中国统计年鉴 2009》。

二、我国水产养殖环境污染危害

从总体上看，我国水产养殖业环境污染分外源性污染和内源性污染两大类，外源性污染是养殖户自身难以控制的污染，多数是由水源性污染引起的，如 2006 年，白洋淀因上游 120 多家造纸等企业排放污水造成的水体污染事件。内源性污染是养殖业生产自身引起的污染，一是我国水产养殖业生产方式大多为静水塘养方式，高密度养殖造成大量的水产动物排泄物、残余饵料、消毒药剂等有机物沉淀水底，有机物被分解释放大量有害物质，使养殖水域环境恶化；二是因养殖水体环境恶化，养殖病害也日益加剧，许多病害已经严重威胁水产养殖业的产出效益；三是为了防治养殖病害，大量使用消毒剂、杀菌剂和化学药物又带来了病菌的抗药性及药物残留等污染。

我国水产养殖环境污染又分为海域咸水养殖环境污染和陆上淡水养殖环境污染两个方面。海水养殖具有水域空间大、浮游生物资源丰富、污染小、自净能力强等特点，我国海岸线长，内海、淡水河流入海口、港湾、浅滩、大陆架等海域养殖资源丰富，很适合发展海水养殖业。

1. 海域咸水养殖环境污染及危害

随着现代养殖技术的不断进步，近海水域规模化养殖场（塘）、海水网箱养殖、滩涂养殖等养殖活动十分活跃，立体网箱养殖技术得到大面积推广，由浅海发展到深海，海水养殖业利润丰厚，不仅能增加渔民收入，而且也能增加地方政府财政收入。发展海水养殖，可谓是农民积极、政府支持，致使我国近海水域养殖规模不断扩大。一些地方由于养殖品种单一和高密度养殖，环境保护与污染防治配套措施跟不上，加上监管缺失等原因，导致海域养殖环境不断恶化。群众在养殖生产过程中，为提高产量和经济效益，大量使用或滥用配合饲料和抗病害药物，造成了海域养殖环境的污染，导致水产养殖病害不断发生，海洋渔业资源严重退化，海产品质量下降。

据统计，养殖户饲料利用率接近 70%，约有 30%得不到利用的饲料沉积海底，使海水中的氨氮、硫化氰含量大增，造成水质富营养化。为了防治鱼虾病害，大量投喂抗生素，导致抗生药物的滥用，又在海产品中引起药物残留污染问题。加上养殖品种自身的排泄物，大量积淀海底，对海水养殖环境造成严重污染。又由于海水养殖场（塘）大部分是连片开发的，许多场（塘）养殖一类海产品，如对虾等，共用一个进出水道，一个养殖场（塘），一旦发生病害，容易引起其他场（塘）的连锁反应，不仅祸及其他养殖场（塘），而且污染整片海区，容易造成严重损失。

2. 陆上淡水养殖环境污染及危害

淡水养殖主要是在内陆河流、湖泊、水库、鱼塘等水域进行。近几年来，我国淡水养殖业得到快速发展，多数养殖场（塘）进行专业化养殖水平不断提高，一般是以租借水面，或承包土地开挖鱼塘的方式进行规模化养殖。在养殖生产过程中，投资人片面追求利润最大化，不注重科学养殖，普遍忽视污染防治设施建设，由于品种单一、密度大，投放饲料多，得不到利用的饲料和鱼类的排泄物大量沉积，对养殖场水体环境造成严重污染，导致鱼类病害发生，为了净化鱼塘和预防病害，向鱼塘中投放大量的抗生素和消毒剂等化学品，极易造成水产品抗生素、重金属残留，引起一系列环境污染问题。

（1）生物性污染。养殖方式粗放，密度过大，饲料投放多，利用率低，加上鱼类自身的排泄物沉淀，造成水体严重富营养化，导致养殖水体透明度降低，水域生态系统发生退化，深水植物消失，而浮游植物大量繁殖，使养殖水体质量恶化。某些鱼类的病原微生物进入水体形成污染，不仅影响水产品品质和水产养殖业发展，而且容易通过食物链直接或间接地危害人类健康。

（2）理化性污染。主要是机械渔业生产的油渍污染、塑料制品、油桶、网具等污染，使用违禁药物或不规范使用抗生素等病害防治药物造成的药物残留污染。另外养殖水体环境污染后，池塘容易产生腥臭气体，缺氧严重时，容易导致死鱼事件发生。

养殖业水体环境污染，必然影响水产品质量，在被污染水体中生产的水产品必然会残留大量的污染物质、导致水产品病害严重发生，这些水产品最终会通过食物链进入人体，对消费者人体健康造成不同程度的危害。

三、水产养殖环境污染防治

因水产养殖环境污染有内、外源污染之别，所以污染防治也应从内源和外源两个方面下工夫，具体问题具体分析，政府主导，全社会参与，立足于资源的循环利用，着眼于渔业经济的可持续发展，针对不同地区、不同养殖场（塘）的环境污染特点，采取不同的污染防治措施，只有这样才能从根本上解决养殖业普遍存在的环境问题，保障渔业经济又好又快地发展。

1. 水产养殖业环境污染原因

防治水产养殖环境污染，必须弄清楚造成水产养殖环境污染的真正原因、形成机理，才能针对不同塘、场的具体污染情况，采取切实可行的污染防治措施。正像前文述及的那样，盲目追求高产出的高密度养殖模式是水产养殖环境内源性污染的根本所在。同时养殖技术落后，养殖方式粗放，缺乏有效监管，这在某种程度上干扰和影响了水产养殖业的健康发展。

水产养殖外源性污染方面涉及面更大，几乎牵涉城乡社会生产、生活的各个方面，如 2006 年发生的白洋淀水体严重污染事件，不仅牵涉上游 120 多家企业的违规排污问题，而且涉及当地政府部门的不作为问题。工业“三废”、城乡生活垃圾、生活废水、农药、化肥、畜禽粪便、农作物废弃物等都可以引起水体的富营养化和重金属、抗生素、农药等残留及病原体、微生物污染。

在过去的水产养殖中，不出大的污染事故，从政府到渔民以及普通群众大家都相安无事，而一旦发生大的污染事件，大家往往习惯性地把板子打到渔民头上，尤其是内源性污染事件。而事实上的水体污染，不仅与渔民盲目生产、片面追求高效益、高产出有关，也与外源性污染有关。如养殖场（塘）布局不合理、污染防治设施滞后等问题。当然，一些渔民由于缺乏必要的养殖知识，在养殖实践中往往出现不能因地制宜，片面追求市场销路好、价格高的新品种养殖，如近几年在各地兴起的养殖甲鱼热、鲟鱼热、大菱鲆热、河豚热等。不顾鱼种的生活习性，盲目养殖，不仅消耗了当地渔业资源，而且多数养殖户得不到理想的收益，有的甚至血本无归，损失惨重。

多数渔民缺乏必要的养殖知识，养殖技术落后，往往靠经验生产，而在天气、温度、降雨和外来水源质量等因素共同作用下的水产养殖环境处于不断变化之中，不靠技术靠经验的渔民往往得不到理想的收益。同时，鱼塘管理上存在粗放经营的缺陷，如盲目使用氰化钠、三唑磷等类消毒剂对养殖塘进行消毒、杀菌，严重污染水体，破坏养殖环境的生态平衡，影响水产养殖自身质量。高密度养殖投入的多余饵料及养殖排泄物造成严重的水体氮、磷、氰化物污染，导致水体富营养化，在沿海造成赤潮、浒苔频发（图 4-5），在陆地淡水湖泊导致水花、蓝藻泛滥。

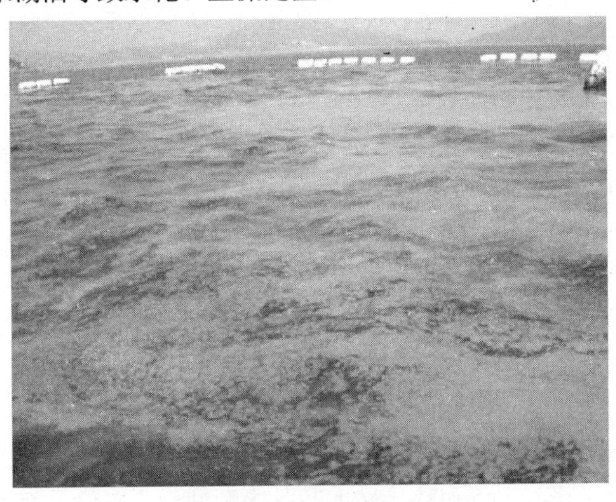

图 4-5　米氏凯伦藻赤潮

（引自国家海洋局，2008）

2. 水产养殖环境污染防治

（1）强化政府的立法规范，依法监管，合理规划，技术服务责任。及时完善和修改水产养殖的法律、法规，建立健全水产养殖法规及地方性规章制度，做到水产养殖有法可依。严格执法，依法监管，及时取缔违法违规养殖行为，对养殖环境要适时检测，发现问题及时纠正，依法维护广大养殖户的合法权益，及时调处养殖纠纷，营造公平的水产养殖生产环境，严肃查处污染事件，确保生产环境和水产品质量安全。各级地方政府要对水产养殖布局进行全面规划，合理布局，全面考虑自然水体的承载能力，避免环境过载和高密度养殖现象发生。对新建鱼塘，要坚持“三同时”原则，全面评估环境影响，配套建设污染防治设施，把渔业生产限制在水体环境允许的阈值范围之内。各级科技、水产部门要会同科研院所及时为渔民提供技术服务，确保渔业生产健康发展。

（2）政府主导，全民动员，有效避免水体外源性污染。各级政府要切实加强环境监管力度，宣传和教育广大群众从我做起保护环境，有效避免工业“三废”和生活垃圾、农药、化肥、畜禽粪便、农作物秸秆等农业废弃物进入水体环境，从源头防治水体污染事件发生。

（3）依法规范水产养殖生产活动，制定渔业用水和排放标准，教育广大水产养殖业从业人员遵纪守法，科学生产。鼓励水产养殖业向集约化大规模养殖方向发展，采取财政补贴、减免税收、物质奖励、表彰先进等措施，支持现代化养殖技术和污染防治技术的推广应用，切实提高水产养殖经济效益和污染防治水平。

（4）从饲料生产、养殖管理全方位入手做好内源性污染防治工作。从饲料生产环节入手，营养元素科学配比，并尽可能根据不同鱼种、不同生长阶段、不同养殖模式、不同的水域环境，生产不同的专用饲料，以满足鱼类生长过程中对各种营养元素和各种微量元素的需求，确保起到增强体质、提高抗病免疫能力的作用，并尽可能减少饲料的溶失及药物的过度使用。采用先进技术手段及时清除水体中溶失的残饵、便溺物，减少水体富营养化污染。从事水产养殖者应当保护水域生态环境，科学确定养殖密度，合理投饵和使用药物，防止污染水环境，保障水产养殖的可持续发展。

（5）大力推广水产健康养殖技术。选择健康的优质鱼种，采用合理的投放密度，多种鱼类合理搭配投放，鱼种投放时按要求规范操作。针对不同水体，科学制订养殖容量阈值，做到既发展渔业又保护环境。提倡实行放牧式网箱渔业，即通过网箱移动让水体得到自然净化。在投饵方面要防止饲料对水质污染，选用合格的鱼用饲料，按生产要求科学投喂，不浪费饲料，污染水质。在鱼病防治方面合理使用合格的鱼药，不使用违禁药物，防止药物对水质污染（农业部，2009）。

第五章　农村工业源污染的危害与防治

所谓农村工业是泛指在农村进行的，对农村环境构成影响的一切工业生产活动。不仅指乡镇企业，而且包括建立在农村的国有工业项目，如工厂、矿山及一些三线国防工业。这里对农村工业概念的界定，是从环境角度出发的，泛指对农村环境带来影响的一切工业生产活动。

截至 2007 年底，我国有 2 366 万家乡镇企业（见表 5-1）分散在全国 4 万多个乡镇和数十万个村庄，从业人员有 1.51 亿人。2007 年，全国乡镇企业增加值 6.96 万亿元，比 2006 年增长 14.27%。其中，工业增加值 49 150 亿元，第三产业增加值 15 000 亿元。乡镇企业营业收入 28.7 万亿元，增长 14.1%；利润总额 1.76 万亿元，增长 14.6%；上交税金 7 366 亿元，增长 15.96%（中国农业年鉴，2008）。

农村工业源污染表现在矿山开采过程中对植被的破坏及噪声、浮尘对周围环境的污染；工业废气、粉尘对大气环境的污染；工业废水对地表、地下水和土壤环境的污染；工业废渣等固体废弃物对土壤、植被、农作物带来的重金属和化学元素污染等方面。数量多，规模小，工艺设备落后，技术水平普遍较低是我国农村工业的一大特点。与之相应的工业源污染也呈现出点多、面广、污染重、危害大等特点。

表 5-1 2002—2007 年全国乡镇企业主要经济指标

年份	企业数/万个	从业人数/万人	增加值/亿元	工业增加值/亿元	总产值/亿元	工业总产值/亿元	营业收入/亿元
2002	2 133	13 288	32 386	22 773	140 435	100 358	129 759
2003	2 185	13 573	36 686	25 745	152 361	110 878	146 783
2004	2 213	13 866	41 815	29 358	172 517	125 547	166 368
2005	2 050	14 272	50 534	35 662	217 819	126 908	215 204
2006	2 314	14 680	57 955	40 864	249 808	188 158	246 810
2007	2 366	15 090	69 620	49 150	290 084	204 973	286 603

注：数据引自《2008 年中国农业年鉴》。

第一节 工业化进程中的农村环境问题

农村工业化是指工业在农村发展从而导致农村产业结构变化的过程。结果是农业比重下降，工业比重上升，也可以说是一个农村产业结构变迁过程。我国农村工业化以两种方式进行，一是城市工业向农村扩散和转移；二是从手工业逐渐发展起来的加工业和制造业。

工业化对农村环境的影响，是指整个国家的工业化进程，包括农村工业化在内，对整个农村环境问题的影响，包括对生态环境的破坏和生产、生活环境的污染。

一、我国乡镇企业的异军突起

到新中国成立前，我国沿江、沿海农村已存在不同程度的近代工业基础，有煤矿、铁矿、冶炼、陶瓷、纺纱、织布、缫丝、印染等。新中国成立后，确定走优先发展重工业的工业化道路，“一五”期间，在苏联的帮助下，156 项骨干工程上马，为新中国建立了比较完整的基础工业体系和国防工业体系，奠定了中国工业化的基础。与此同时，在大量手工业作坊基础上发展起来的手工业合作社，在当时“大跃进”、“大办钢铁”、加速工业化方针的引导下，一大批小矿山、小煤窑、小炼铁、小水泥、小农机修造、小纺织、小印染、小被服鞋帽、小食品加工等社队企业如雨后春笋般迅速发展。1971 年，社办工业产值已达到 77.9 亿元，1971—1978 年社队工业的年增长率在 20%～35%，1978 年工业产值达到 385.3 亿元，形成了一定的生产规模（侯伟丽，2004）。此外，散布在全国各地广大农村地区的家庭手工业作坊仍然广泛存在并有较大发展。

改革开放以来，农业生产实现以家庭为单位的联产承包责任制（大包干），农业生产政策有所松动，农民在自己的责任田上可以根据个人意愿进行种植，充分调动了农民生产的积极性，粮食生产连年丰收，农村剩余劳动力明显增加。在社队工业和家庭手工业及南方沿海地区兴起的“三来一补”企业的基础上发展起来的乡镇企业出现加速发展趋势。乡镇企业的迅猛发展，在中国掀起了新一轮的农村工业化高潮。到 1996 年，乡镇工业的产值已达到 35 538.76 亿元，占全国工业产值的一半以上。“九五”期间，国民经济年均增长的 8.8%中，乡镇企业就贡献了 3.3 个百分点，乡镇工业创造了全国工业增加值的一半。因此，改革开放前中国工业化的特点是国家主导的重工业化，改革开放后工业化的主要特点是市场主导的农村工业的迅速发展（侯伟丽，2004）。

乡镇企业的发展在推动农村经济结构的转变、促进就业、增加农民收入、支持农业发展、转变农村经济增长方式、发展市场经济、促进地方经济发展等方面作出了巨大的贡献。这种在传统农业和现代工业夹缝中成长起来的乡镇企业是中国工业化的一大亮点。

二、新中国成立以来工业化进程中的农村环境问题

20 世纪 50 年代至 60 年代，我国农业生产基本上仍处于传统农业发展阶段，人力和畜力是这一时期的主要生产力。不论是在平原

地区还是在山地丘陵地区，仍然实行的是以大牲畜为主，辅以必要人力的耕作方式。农药、化肥尚未大规模施用。农业生产仍以农家肥为主，粮食产量较低，人口增长过快，为解决吃饭问题，需要扩大种植面积。在毛泽东同志“向自然开战”和“农业学大寨”的号召下，向河滩、荒山要粮的开荒造田运动在全国上下普遍展开，这时的农村环境问题主要表现在开荒造田过度，乱砍滥伐，水土流失，植被破坏，土地盐碱化、荒漠化加剧等方面的生态破坏，环境污染问题尚不明显，即人类活动造成的污染尚未超出生态环境的自生自净能力。

20 世纪 60 年代末至 70 年代，部分平原地区开始逐步实现拖拉机耕作，个别地方出现了小麦机收，此时的耕作方式基本上是处于以畜力为主，辅以机械和人力阶段。化肥、农药进入农业生产领域，在防治病虫害，提高粮食产量方面发挥了积极作用。耕牛仍然是主要生产资料，归生产队集体所有。农户被允许少量养殖 1～3 头猪，几只或十几只鸡、鸭、鹅。农民做饭取暖用能源是以柴草为主，辅以适量的煤炭。农民生活用品工业化程度极低。农村生活垃圾主要是厨余和草木灰，全部用于堆肥还田，农业生产处于良性循环状态。这时增加粮食产量的有效方法之一仍然是增加耕地面积，农村环境问题依然是植被破坏，水土流失、土地荒漠化、盐碱化等生态破坏范围继续扩大，环境污染方面表现为农药、化肥的过量使用，尤其是有机氯农药，即 DDT、六六六的大量使用，在土壤、水、农产品中形成农药和硝酸盐残留。这一阶段的农村环境问题主要表现为生态破坏，环境污染局限在农业生产过程中化肥、农药的不当施用和社队企业的“三废”排放。

进入 20 世纪 80 年代，即改革开放以来，联产承包责任制（大包干）的经营方式在全国迅速推开。从 1982 年到 1986 年中央连续下发推动农村经济发展的 5 个“1 号文件”，“让一部分人和一部分地区先富起来，最后实现共同富裕”、“效率优先，兼顾公平”等政策的贯彻落实，有力地调动了农民的生产积极性，极大地推动了农村经济的发展，绝大多数群众的生活得到很大改善，在中华大地的人类文明史上，首次解决了12亿人民的温饱问题。

但是，从农村经济社会发展需要看，仅仅解决农村的温饱问题是远远不够的，人们在吃饱之后，提出了“吃好”的问题，紧接着“穿好”、“住好”、子女上学、看病吃药、礼尚往来等一系列花钱问题接踵而至，很明显单靠种地解决不了这些问题。于是在社队工业基础上发展起来的乡镇企业异军突起，以所谓的“十五小”、“新五小”①为主的高投入、高产出、高污染、低效益等“三高一低”工业遍地开花，这些企业工艺落后，设备简陋，技术含量不高，适合文化程度偏低的农村生产力发展水平。农民在农忙时下地劳动，农闲时进厂务工，实现了老一代农民梦寐以求的“进厂不进城”，亦工亦农的人生追求。

乡镇企业和解禁后的养殖业在解决农民“吃好”和“花钱”问题上功不可没。然而，随之而来的是人们始料不及的环境问题。当时有一句话形象地概括了这一历史瞬间农民中普遍存在的不满情绪，即“拿起筷子吃肉，放下筷子骂娘”。这里虽然有分配不公，收入差距拉大的政策制度等社会因素，但部分小企业主只顾自己挣钱，不顾别人死活的生产经营理念，造成了严重的环境污染，使部分村民深受其害，不能不说这也是诱发社会不满情绪的又一重要原因。

改革开放以来，在短短30多年的时间内，我国13多亿人民的生活水平基本实现了小康。城镇居民人均可支配收入从1978年的343元发展到2009年的17 175元；农村居民人均可支配收入从1978

① “十五小”、“新五小”企业：“十五小”指1996年8月国务院发布的《关于环境保护若干问题的决定》中明令在1996年9月30日以前实行取缔、关闭或停产的十五类企业：年产5 000吨以下的造纸厂、年产折牛皮3万张以下的制革厂、年产500吨以下的染料厂以及采用“坑式”和“萍乡式”、“天地罐”和“敞开式”等落后方式炼焦、炼硫的企业；土法炼砷、炼汞、炼铅锌、炼油、选金和农药、漂染、电镀以及生产石棉制品、放射性制品等企业。“新五小”指原国家经贸委限期淘汰和关闭的破坏资源、污染环境、产品质量低劣、技术装备落后、不符合安全生产条件的企业，包括：大电网覆盖范围内、单机容量在10万千瓦及以下的常规燃煤火电机组（资源综合利用机组除外）及清理整顿的小炼油厂、小水泥厂、小玻璃厂、小钢铁厂。

年的 134 元发展到 2009 年的 5 153 元。我国国内生产总值从 1995 年的 7 780 亿元发展到 2009 年的 33.5 万亿元。国家财政收入突破 6.85 万亿元大关。国家经济实力和综合国力显著增强（温家宝，2010）。在工业化、城镇化推动下，农村经济得到快速发展。可是，随着经济发展相伴而来的环境问题却日益突出，不论是生态破坏，还是环境污染均达历史上最严重的程度，农村环境污染由点源污染向面源污染迅速扩展。

农村环境问题，严格意义上说是我国工业化、城市化进程的产物，作为国家工业化重要组成部分的农村工业化运动对农村环境造成的影响更为直接和明显。农村环境作为城市生态系统的支持者，一直是城市污染物的排放和消纳场所。至 20 世纪 80 年代，由于工业化程度低、人口密度较小、环境容量较为富余，环境问题并不显著。

20 世纪 90 年代以来，我国在城市环境日益改善的同时，农村污染问题却越来越严重，在工业化、城市化程度较高的东部发达地区尤为突出。随着城市环保要求的提高，原来位于城市和发达地区的高污染产业开始向农村地区梯级转移，工业污染问题必然跟随产业转移相应而至，加上原有的乡村工矿企业本来污染问题就比较严重。在今后相当长的一段时间内，农村环境问题将日益突出，经济、社会和环境协调发展面临巨大压力。调查显示，凡是工业较发达的乡村，工业污染，尤其是大气、水体、土壤、噪声、电磁辐射污染均十分严重。一些城郊地区已成为城市生活垃圾及工业废渣的堆放地。各种污染不仅影响了数亿农村人口的生活，而且威胁到他们的健康，甚至通过水体、土壤、大气和食品等渠道最终影响到城市人口健康（苏扬，2006）。目前，农村环境问题的严峻局面，已经到了必须引起高度重视和认真对待的时候了。

乡镇企业生产过程中形成的环境问题，主要表现在矿山开采过程中对植被的破坏及噪声、浮尘对周围环境的污染；冶炼、电力、制造业生产过程中排放的废气、粉尘对大气环境的污染；废水对地表、地下水和土壤的污染；废渣等固体废弃物对土壤、植被、农作物带来的重金属和化学元素污染等方面。

另外，一些位于城市的高污染企业正在向农村转移，势必加重农村环境的污染和破坏程度；同时，在工业化、城市化进程影响下，随着农村居民家用电器的普及，噪声污染、电磁辐射污染正在悄无声息地走进农村居民的生活，其对人体健康的危害绝不亚于传统意义上的“脏乱差”污染。

第二节　矿山源污染的危害与防治

我国是世界上排名第三的矿产资源大国。新中国成立 60 多年以来，开展了大规模矿产地质勘探工作，取得了巨大成就，现已发现的矿产有 168 种，探明有一定储量的矿产有 153 种，其中能源矿产 8 种，金属矿产 54 种，非金属矿产 88 种，水气矿产 3 种，是世界上矿产资源最丰富、矿种齐全配套的少数几个国家之一。

我国矿产资源既有优势，也有劣势。优劣并存的基本态势主要表现在以下几个方面：一是矿产资源总量丰富，人均资源相对不足；二是矿产品种齐全配套，资源丰度不一；三是矿产质量贫富不均，贫矿多，富矿少；四是超大型矿床少，中小型矿床多；五是共生伴生矿多，单矿种矿床少。众多的贫矿半生矿和中小矿床，加大了开采利用的难度，决定了我国线长面广遍地开花的矿产资源开采利用局面。

一、矿产资源与矿山企业

所谓矿产资源是指由地质作用形成的，具有利用价值的，呈固态、液态、气态的自然资源。是社会经济发展的重要物质基础，是现代人类社会的生产和生活都离不开的自然资源。矿产资源属于不可再生资源，是发展采掘工业的物质基础。其品种、分布、储量决定着采矿工业可能发展的部门、地区及规模；其质量、开采条件及地理位置直接影响矿产资源的利用价值，采矿工业的建设投资、劳动生产率、生产成本及工艺路线等，并对以矿产资源为原料的初加工工业（如钢铁、有色金属、基本化工和建材等）以至于整个重工业的发展和布局有重要影响。矿产资源的地域组合特点影响地区经济的发展方向与工业结构特点。矿产资源的利用与工业价值同生产力发展水平和技术经济条件有紧密联系，随着经济发展和地质勘探、采矿与加工技术的进步，矿产资源利用的广度和深度将不断扩大，对矿区经济社会发展和生态环境的影响也越来越大（中国矿产资源网，2009）。

矿山企业，是指有完整独立生产系统的矿产品生产单位。地下开采的矿山称地下矿，也叫矿井，露天开采的矿山称露天矿。矿山规模以年设计矿产品开采生产能力（矿产品产量）分为大型、中型、小型三种。我国矿山规模以小型的居多。

据统计，我国现有国有矿山企业 8 000 多个，个体矿山达到 23 万多个。全国矿区累计被破坏的土地面积达 288 万公顷，并且每年以大约 4.67 万公顷的速度增长。

改革开放以来，我国部分地区矿业经济快速发展，人们的生活水平和社会面貌发生了巨大变化，可谓是成就巨大，但也给矿区的自然生态环境带来了巨大危害，大量开发活动所造成的破坏与污染越来越严重，尤其是众多的乡镇集体、个体矿山企业或采矿点，普遍缺乏资源和环境保护意识，加上开采、洗选的方法落后、技术含量低，设备简陋，为了片面追求利润，在开采过程中几乎不采取任何污染防治措施，对环境造成的破坏与污染极为严重，导致过采矿床植被恢复十分困难，已成为目前急需解决的老大难问题。不论是露天开采，还是地下开采，都对矿区的植被造成程度不同的破坏，对矿区环境造成程度不同的污染。矿山开采引起的环境问题主要表现在两个方面：一是对过采矿床及其周围的植被破坏；二是矿渣、粉尘、噪声对周围环境的污染（图 5-1）。

图 5-1　华中一煤矿外景

二、矿山开采造成的植被破坏和污染危害

矿山开采对植被的破坏主要表现在过采矿床地表植被破坏严重，大量的废弃矿渣占压大量土地，引发水土流失，对矿区周围植被的破坏和环境污染等方面。

1. 对地表植被和自然景观的破坏

露天开采需要剥离大量的表层土，地表植被随表层土被一同剥离，等于是在连续分布的天然植被上撕开了一个大口子，中断了植被生长所需营养的供给链条，导致除被毁植被外矿区其他植被正常生长受到严重影响。同时明显地改变了地表自然景观，破坏和改变了山脉的自然走向和分布，有的矿区整座山头被搬离，等于是重新安排了“旧山河”。地下开采将矿物采出后，原矿石上层厚度不一的岩层失去支撑，导致整个岩体内部应力平衡受到严重破坏，从而使采空区岩层地质结构发生扭动和位移或者大面积塌陷，对地表自然植被造成不同程度的破坏。矿山开采前被森林、灌木丛、草地等自然植被覆盖的土地，开采后这些植被荡然无存，同时因矿区建设需要，矿区周围的林草资源被大量砍伐利用，使整个矿区方圆数十里内的自然植被受到破坏。加上大量的土石、废矿渣压覆、毁坏大量土地，形成数量可观的废石堆和垃圾堆，矿区周围地表自然景观被严重破坏（图 5-2）。

图 5-2　山西某地开采石材造成的生态破坏

（引自土石山川，2009）

2．废弃矿渣占压大量土地，土地资源遭到严重破坏

露天采矿剥离的表土，矿产品及弃土、废渣堆放，以及选矿后的尾矿，修建厂房和道路均需要占用大量的土地。全国累计因矿山开采而占压的土地达 586 万公顷，破坏森林面积 106 万公顷，破坏草地面积 26.3 万公顷。据统计，全国历年煤矸石累计存量约 30 亿吨，占地 5 500 公顷，并且每年新增排放量 1.5 亿～2.0 亿吨，地表植被破坏和大量堆放的尾矿不仅人为地改变了地形地貌形态、破坏地表植被和地貌景观，而且原始的生态平衡被破坏，使生态地质环境趋于恶化（图 5-3）。

图 5-3　华中某煤矿的矸石山

3. 引发水土流失，淤积河道、水库，毁坏农作物

矿山开采引发水土流失主要包括矿口矿床创面和矿山建设配套工程对地表岩石的开采剥离而增加暴雨冲刷面积造成的水土流失；矿山爆破对整个山体的震动，使岩体结构发生松动，以致出现裂隙缝，地表岩土松动，经雨水冲刷造成的山体滑坡等水土流失；矿区大量的堆土、废渣被风蚀、水蚀和水洗型选矿作业造成的水土流失。大量随洪水流失的砂土、石块所形成的泥石流，容易淤积河道、水库、湖泊，毁坏道路，造成严重的洪涝灾害；冲毁农田和淤积泥沙碎石占压农田，使农作物减产失收和耕地面积减少，水库湖泊淤积造成库容减少甚至使其失去调蓄洪水的能力。

4. 粉尘、噪声对周围生态环境造成较大的影响

据调查，我国几乎所有矿山开采，都离不开爆破和机械碎石作业，随风飘散的粉尘，巨大的噪声对周围农村的生态环境造成严重污染。20 世纪 90 年代，豫北风皇山周围的石灰石采石碎石作业和大量的小水泥厂形成大量的粉尘污染，周围的老百姓戏称，每人每

年要吃掉两块预制版的粉尘量。在许多煤矿周围都会有很多洗煤、选煤作坊，随风飘散的粉煤灰对周围环境造成严重粉尘、噪声污染。不仅严重影响周围植被和农作物的正常生长，而且对矿山工人及附近村民的身体健康造成严重危害（图 5-4）。

图 5-4 煤矿周围的小选煤厂

5. 地下采矿容易造成地下水位下降和地面沉陷

地下采矿首先要营造地下作业环境，需要向外排水和向内输风，随着矿山开采深度的增加和巷道的延伸，矿坑（井）一带的地下水位不断下降，影响范围逐渐扩大，最终形成以开采区为中心大小不等的地下水位漏斗区。往往导致矿山影响范围内出现地面塌陷，使周围机井水位下降而报废，水位下降还容易造成地面沉陷和房屋倒塌现象，对地下水生态和地表植被生态造成严重破坏。如煤矿开采过程中经常发生的水和瓦斯突出或爆炸事故，往往造成大量的生命财产损失和重大的地质环境灾难。

6. 河道采沙过度容易引发堤岸坍塌、咸潮入侵等生态灾难

改革开放以来，随着城乡基础设施和住房建设的持续升温，导

致河沙资源需求量持续增长，使河道采沙逐渐形成了一个产业，河道沙石一般是由上游洪水下泄携带沉积而形成的，下游河道可供采挖的沙石量的多少受年际降水量变化和流域上游植被保护情况影响明显。流域上游植被保护较好的河道，雨季洪水含沙量小，反之则含沙量大。近几年来在各流域上游地区，因受重经济发展轻环境保护思想倾向的影响，过樵、过牧、过采现象较为普遍，导致流域上游植被破坏严重，洪水泛滥、水土流失逐年加剧，长江正在变为“第二条黄河”，洪水季节江水含沙量大而呈浑浊状态的水面一直延伸到入海口，为下游河道带去大量泥沙。

在巨大的市场需求刺激下，河道上游来沙量远远低于采沙需求量，下游普遍存在过量采挖现象，导致下游河床下切、堤岸悬空，虽然在一定程度上增加了河道泄洪能力，但也同时引起堤岸悬空、塌陷、咸水入侵现象频繁发生。如珠江下游因无序采沙已经引起河网区河流水位的大幅变化，目前的河流水位已由 20 世纪 70 年代前的上升转变为普遍下降。河道堤岸塌陷威胁行洪安全。沿河道路、桥梁的断毁威胁沿河人民的正常生活和生命财产安全。咸水入侵改变入海口水生态环境，造成大量淡水鱼类减少和盐碛化，严重影响沿江地区的淡水供应。珠江三角洲地区咸潮线不断上移，受咸潮上溯的影响，危害越来越严重，影响范围也越来越大。咸水上溯在一定程度上对江（河）口地区社会经济的可持续发展构成威胁。

7. 矿山“三废”排放对周围环境污染严重

矿山废水污染主要来源于金银矿、铜矿、铅锌矿、铁矿、萤石矿、高岭土矿、煤矿、热水矿等矿产开采或选矿过程中直接排放的酸性水及铁质水污染、高氟水污染、悬浮物污染、氰化物污染等。据调查，我国农村地区的矿山多为小型企业或个体开采，大部分因环保意识淡薄、采选设备简陋、采用急功近利和采富弃贫的开采方式，矿山废水一般都未经处理就直接排放，以致对矿山附近的生态环境造成较大的污染。矿山开采形成的大量废渣除大量占压农田外，还容易造成大量的水土流失，影响波及整个流域的生态系统。大量的粉尘造成严重的大气污染。这些矿山“三废”污染对大气生态、水生态、土壤生态系统造成严重的破坏，对农村环境造成严重的污染，不仅影响工农业生产，而且影响城乡居民的饮水安全。

三、矿山环境污染防治

目前，我国矿山开采过程中形成的环境问题是由多方面原因造成的。从管理角度看，矿山环境保护立法滞后、监管缺失；从投入上看，矿山环境治理资金投入严重不足；从技术上看，技术手段落后，没有矿山环境综合治理技术标准和统一要求；从环保意识上看，重开采，轻恢复，环境保护知识缺乏，环境意识淡薄，尚没有形成有效的群众监督机制。矿山环境污染防治需认真分析矿山环境问题的形成原因，针对废旧矿山和新建矿山环境问题面临的具体情况，从矿山开采到尾矿治理制定系统性污染防治策略，预防为主，防治结合，有效遏制矿山环境问题泛滥。

1. 加强矿山环境保护法规和制度建设

国家有关部门应按照《矿产资源法》和《矿山地质环境保护规定》的要求，针对我国矿山普遍存在且较为突出的环境问题，制定、修改和完善与矿山环境保护相关的法律、法规和政策措施，联合矿山企业制定矿山环境综合整治规划，加大政府整治矿山环境的资金投入，加强矿山环境质量监测、监管，将矿山环境保护纳入法制轨道，做到有法可依，有人监管。生态修复与污染防治有规划，资金投入有保障，最大限度地保障矿山职工和周围群众的环境权益，使其免受矿山生态破坏和环境污染的危害。

2. 建立健全矿山环境保护制度，从源头上减少矿山环境破坏和污染

矿产资源的开发必须依法提交开发利用方案、环境影响评价和地质灾害危险性评估报告，矿山环境保护设施与主体工程要严格实行建设项目“三同时”制度。新建矿山，在办理采矿许可证时，必须提交矿山环境保护与综合治理方案，方案中应包括对矿山环境破坏等进行预测和综合治理措施，对不符合要求的，国土资源主管部门不得办理采矿许可证。对未编制环境保护与综合治理方案的老矿山企业，要限期补充编制环境保护与综合治理方案，报原采矿许可证发证机关及环境保护部门审批。各级国土资源、环境保护行政主管部门要依据审批的矿山环境保护与综合治理方案，对新建矿山和尚在生产的老矿山，在矿山建设、采矿生产、闭坑生态修复等全过程进行矿山生态环境保护监测、监管，定期或不定期督促检查，确保方案中规定的各项环保措施落到实处。

3. 建立生态补偿保证金制度

在尽力偿还环境保护所欠旧债的同时，力争不欠矿山环境保护新账。在一些发达国家，为了确保矿业权人履行矿山环境恢复义务，普遍实行了矿山环境保证金制度。保证金制度的实质是矿业权人为履行矿山环境恢复义务，按政府规定的数量和时间提交一定数额的保证金。如果企业按规定履行了矿山植被恢复义务，并达到政府规定的恢复要求，政府将退还该保证金，否则政府将使用这笔资金进行矿山植被恢复工作。这种做法，对我国新建矿山企业来说值得借鉴。建议凡是有条件的地区，在今后新建矿山企业时，可参照实行矿山环境治理保证金制度。矿山环境治理保证金的使用不得透支和挪用，当年节余转入下一年度使用，争取做到矿山企业不欠环境新账。

对尚在生产的老矿山企业的环境综合整治，国家应当加大资金补偿力度，在逐步加大现有国家矿山环境综合治理专项基金规模的基础上，可再从老矿山企业生产的矿产品中从量征收一定比例的销

售价款，进一步扩大基金规模或另行设立矿山生态修复和环境污染防治专项基金，由中央财政部门统一管理，这些基金的使用可由矿山企业提出申请，列入国土资源和环境保护部门联合提出的矿山生态修复和环境污染防治基金年度使用计划，报中央财政部门核准实施。逐步解决计划经济时期以及历史遗留的废弃矿山的生态修复和环境污染综合整治问题。

也可以在矿山企业实行税前提取环境治理专用金，用于矿山生态破坏和环境污染的治理。可计入生产成本，专户存储，企业所有，政府监督，专款专用。这部分资金的使用，也可由矿山企业提出年度矿山环境综合治理工作方案和具体项目，由国土资源和环境保护管理部门核准，银行根据核准文件拨付资金。确保专用金用于矿山环境综合整治项目。

4. 建立健全社会多渠道投融资机制

拓宽矿山环境综合整治融资渠道，尽可能动员社会力量参与矿山环境综合整治，尤其是对资源枯竭性矿山，采取谁投资，谁受益的原则，加大投入力度，尽快修复被毁植被和治理环境污染。矿山环境综合治理要引入市场机制，积极探索矿山环境治理的新途径和新方法，研究并制定相关扶持政策。逐步实现矿区环境保护的产业化、专业化、规范化，使矿山环境保护逐步走向良性循环和持续发展道路。

5. 矿山污染综合防治

矿山污染防治是一项系统工程，涉及国家、地方各级政府、矿山企业、矿山职工和当地群众的切身利益。矿山环境恶化，相关各方利益会一同受损，反之则一同受益。矿山污染是我国矿山企业普遍面临的突出问题。国际上在矿山开采与污染防治的问题上，普遍经历了先污染，后治理的发展时期，付出了惨痛的代价。在我国矿山发展史上，重发展、轻环保思想严重，光污染，不治理的现象普遍存在，致使矿山环境严重恶化，不仅对矿山职工和当地群众的人体健康造成严重威胁，也严重制约了矿山企业和当地经济的发展。

从目前情况看，我国矿山污染防治任务艰巨，历史欠账严重，导致环境问题积重难返。由此可以看出不解决思想认识问题，难以扭转矿山环境恶化的被动局面。因此，做好矿山环境保护方面的宣传教育，首先端正政府和企业各级领导的思想问题，要真正认识到矿山污染防治直接关系到所在地经济社会的可持续发展。其次应开展形式多样的环境知识宣传科普培训，增强矿山职工和周边群众以及全社会的环境意识，在全社会形成良好的环境保护氛围，让群众积极参与，主动监督，齐心协力一举扭转矿山污染防治不力的被动局面。

我国是矿产资源大国，随着我国经济的快速发展，在今后相当长的时期内，矿产资源需求量将不断增加，如果不重视矿山环境保护，矿产资源的高强度开发将会带来更大的环境问题。所以要从经济社会可持续发展的战略高度出发，深刻认识矿山环境保护与污染防治的重要意义，全面落实科学发展观，坚持以人为本，统筹规划，注重制度创新，从政府到矿山企业，建立健全环境保护责任制，加强矿山污染防治及环境综合整治，切实改善矿山和周边地区的环境质量，全面推进矿产资源开发利用与矿山环境保护协调发展（姜建军等，2005）。

第三节 工业废气污染的危害与防治

工业废气对农村环境的污染，不仅有乡镇小企业的废气污染，而且有国有大企业的废气污染，这是因为大气环境流动性特别强，进入大气的污染物质容易在很短的时间内飘散至很远的地方，形成工业废气的大尺度污染。所以，废气对农村环境的污染不只是乡镇企业的废气污染，也包含国有大企业的废气污染。

一、工业废气与大气污染

工业废气是大气污染物的重要来源之一（图 5-5）。大气污染是我国目前最突出的环境问题之一。所谓工业废气是指人类在工业生产活动中排入大气的有害污染物质。工业废气包括有机废气和无机废气。有机废气主要包括各种烃类、醇类、醛类、酸类、酮类和氨类，等等；无机废气主要包括硫氧化物、氮氧化物、碳氧化物、卤素及其化合物等。工业废气数量大、种类多，是大气污染的主要来源。钢铁厂、焦化厂、石油化工厂等生产过程中产生很多废气。如石油化工厂排放二氧化碳、二氧化硫、硫化氢等；钢铁厂在炼铁、炼钢、炼焦过程中排放的粉尘、一氧化碳、硫化氢等。在我国的乡镇企业中，采矿、纺织、冶炼、造纸、炼焦、水泥、耐火材料、火力发电等企业，因规模小，设备简陋、技术含量低等原因，废气排放量往往高于现代化企业数倍。

图 5-5　某发电厂两条黑色的巨龙覆盖着村庄

（引自蜂鸟网，卢广，2009）

所谓大气污染，是指因人类活动或自然过程而排入大气的，对环境和人体产生有害影响的物质。大气污染的来源有火山爆发、森林火灾、森林植物释放、海浪飞沫与自然尘埃等自然污染源；有燃料的燃烧、工业废气排放、农业废气排放、交通废气排放等人为污染源。在这一节中仅涉及人为污染源中的工业废气污染。

二、工业废气污染物

工业废气污染物约有 100 多种，但从形态上分主要有颗粒污染物和气态污染物。

1. 颗粒污染物

颗粒污染物是大气中最严重的污染物之一，空气中的颗粒污染物 80%来自于自然界，20%来自于人类活动。工业生产制造的颗粒污染物，占人类活动产生的颗粒污染物总量的 85%，另外 15%是由汽车及人类其他活动产生的。颗粒污染物主要有粉尘、烟尘、飞尘、雾气、光化学烟雾等。

（1）粉尘：一般情况下，将粒径大于 75 微米的叫“砂粒”或“尘粒”；小于 75 微米的叫“粉尘”。粉尘中粒径大于 10 微米，能在较短时间内降到地面的称为“降尘”；粒径小于 10 微米，能长期悬在空气中的颗粒物叫“飘尘”。工业废气中粉尘的主要来源是工业用煤、水泥厂、石棉厂、冶金厂和碳墨厂的灰尘排放。尘粒和降尘因其在空中停留时间短，不易被人吸入，故危害不大。而飘尘能通过呼吸道吸入人体，沉积于肺泡内或被吸收到血液及淋巴液内，从而危害人体健康。更严重的是飘尘具有很强的吸附能力，很多有害物质包括一些致病菌等都能吸附在微粒上，吸入人体后，会导致急性或慢性病症的发生。我国职业病防治中的尘肺病，就是在粉尘环境中工作的工人吸入大量粉尘而形成的。2009 年 8 月，河南省新密市刘寨镇农民张海超“开胸验肺”事件引起社会各界的广泛关注。他们的尘肺病就是粉尘污染所致。

（2）烟尘：燃烧过程中产生的烟尘，属于还原性大气污染——伦敦烟雾型。由于工业生产大量使用煤炭燃料，煤炭燃烧过程中释放大量颗粒物、二氧化硫、二氧化碳，在低温潮湿的静风天气下，形成含有硫酸和硫酸盐的气溶胶，在空气低层聚集，严重地刺激和危害人的呼吸系统。著名的伦敦烟雾事件曾造成上百人死亡，烟尘对人体健康的危害十分严重。

（3）飞尘：也叫飘尘，指飘浮在大气中的悬浮颗粒物。大颗粒的飞尘进入鼻腔后，会被鼻腔和咽喉黏膜上的黏液黏住，一般对人不会造成什么危害，而细小的飞尘则可以吸附一些有害的化学物质，经常在粉尘严重的环境下从事生产，如采矿、金属和非金属研磨等行业，容易患肺部各种疾病。职业病中的硅肺病、石棉肺就是由二氧化碳粉尘和石棉粉尘引起的职业病。

（4）雾霾：起雾天气的雾像个盖子覆盖在大地上，使大气污染状况加剧，是大气污染的“帮手”。在居民密集区、工业区，一定时期内排放到空气中的污染物由于大气状态的不同，其浓度不断变化。大雾不散，表明大气结构比较稳定，空气中的污染物不易扩散，使浓度骤增，从而对人体造成危害。

（5）光化学烟雾：光化学烟雾是排入大气的氮氧化物、碳氢化合物、一氧化碳、二氧化硫、烟尘等在太阳紫外线照射下，发生光化学反应而形成的一种毒性很大的二次污染物。主要成分是臭氧、氮氧化物及过氧乙酰硝酸酯（PAN）、硫酸及其他盐类等。光化学烟雾对人体有强烈的刺激和毒害作用，当浓度为 0.1 ppm 时，会刺激眼睛，引起流泪，浓度超过 1 ppm 时，头痛并伴有神经障碍发生，浓度达到 50 ppm 时，会立即致人死亡。所以又有“杀人烟雾”之称。

2. 气态污染物

工业废气等气态污染物主要是通过其化学行为影响人类的生产和生活的。气态污染物主要有含硫化合物、含氮化合物、含碳化合物、碳氢化合物、含卤素化合物等。

（1）含硫化合物：也叫硫氧化物，主要包括二氧化硫和三氧化硫。二氧化硫在空气中可被氧化成三氧化硫，遇水蒸气时形成硫酸雾。大气中的硫氧化物主要是有燃烧含有硫的煤和石油等燃料产生的。此外，金属冶炼厂、硫酸厂等也排放相当数量的硫氧化物气体。一般 1 吨煤中含硫 5～50 公斤，1 吨石油中含硫 5～30 公斤，这些硫在燃烧时将产生两倍于硫重量的硫氧化物排入大气。二氧化硫及其转化形成的硫酸雾能强烈刺激呼吸道，消除上呼吸道的屏障功能，使呼吸道阻力增加；在二氧化硫长期作用下，黏膜表面黏液层增厚变稠，纤毛运动受阻，从而导致呼吸道抵抗力减弱，有利于烟尘等的阻留、溶解吸收和细菌生长繁殖，引起上呼吸道发生感染产生疾患。空气中二氧化硫浓度超过每立方米 1 000 微克时，气管炎、支气管炎急性发作显著增多。受二氧化硫污染的地区常出现酸性雨雾，其腐蚀性很强。能直接影响人体健康和植物生长，并能腐蚀金属器材和建筑物表面。

（2）含氮化合物：也叫氮氧化物，是一氧化氮、二氧化氮、四氧化二氮、五氧化二氮等的总称，能造成大气污染的含氮化合物主要是一氧化氮和二氧化氮。氮氧化物主要来自重油、汽油、煤炭、天然气等矿物燃料在高温条件下的燃烧和生产、使用硝酸的工厂排放的废气等。城市空气中的氮氧化物，2/3 来自汽车尾气的排放，1/3 来自于工业废气的排放。高浓度的氮氧化物呈棕黄色，当含大量氮氧化物的气体排出时，看上去像一条黄龙腾空，故也有人称之为“黄龙”。

一氧化氮会使人的中枢神经受损，引起痉挛和麻痹等症状。二氧化氮是一种刺激性气体，其毒性是一氧化氮的 4～5 倍，可直接进入肺部，削弱肺功能，损害肺组织，引起肺水肿和持续性、阻塞性支气管炎，降低机体对传染性细菌的抵抗能力。二氧化氮被吸收后变为硝酸与血红蛋白结合的变性血红蛋白，可降低血液输送氧气的能力，同时对心、肝、肾和造血器官也有影响。

（3）含碳化合物：也叫碳氧化物，主要是指一氧化碳和二氧化碳。城市空气中的一氧化碳约 80%来自工业燃煤锅炉、汽车排放的尾气、家庭炉灶。大家熟悉的“煤气”就是一氧化碳有毒气体。一氧化碳的危害作用，主要是同血液中的血红蛋白结合而形成碳氧血红蛋白，影响氧的输送能力，阻碍气体从血液向心肌、脑组织转换。当大气中一氧化碳体积分数为 10×10^{-6} 时，心肌梗塞患者发病率增高，若一氧化碳体积分数超过 50×10^{-6} 时，严重心脏病人就会死亡。二氧化碳是无色、无臭、不助燃也不可燃的气体，当其浓度增高时会给气候带来变化。因为二氧化碳能透射来自太阳的短波辐射，却吸收地球发出的长波红外辐射。随着大气中二氧化碳浓度的增加，使入射能量和逸散能量之间的平衡遭到破坏，使得地球表面的能量平衡发生变化，使地球表面大气的温度增加，产生所谓“温室效应”。

（4）碳氢化合物：大气中的碳氢化合物是形成光化学烟雾的前提物，甲烷占大气中碳氢化合物的 80%～85%。甲烷主要来源于厌氧细菌的发酵过程，水稻田的有机质分解以及原油、天然气的泄漏都会释放甲烷。大气污染物中存在着大量的有明显致癌作用的多环芳烃，其中主要代表是3,4 苯并[*a*]芘，它是燃料不完全燃烧的产物，这与工业企业、交通运输和家庭炉灶的燃烧排气有密切关系。大气中 3,4 苯并[*a*]芘浓度变动幅度较大，约为 0.01～100 微克/100 米^3，并受季节和城乡不同条件的影响。一般情况下，冬季 3,4 苯并[*a*]芘的浓度高于夏季，城市高于农村。肺癌的发病率增加与空气中 3,4 苯并[*a*]芘浓度增高有一定关系。并且随着大气中 3,4 苯并[*a*]芘浓度的增加，居民的肺癌死亡率上升，大致是大气中 3,4 苯并[*a*]芘浓度增加 1/100 万时，将使居民的肺癌死亡率上升 5%。

（5）含卤素化合物：大气中的含卤素化合物主要包括含氯化合物和含氟化合物。含氯化合物主要是由化工厂、塑料厂、自来水净化厂产生，火山活动也能释放一定量的氯气。含氟化合物主要来自炼铝厂、磷肥厂、炼钢厂、玻璃厂、火箭燃料厂、陶瓷加工厂、砖瓦厂等。

3. 一次污染物和二次污染物

按照大气污染物是否直接排入环境，可分为一次污染物和二次污染物。一次污染物由污染源直接排入环境，其物理和化学性质未发生变化，也称之为原发性污染物。常见的一次性污染物有大气中的二氧化硫、氟利昂、火山灰、水体和土壤中的重金属、有机物等。排入环境的一次污染物在物理、化学因素或生物的作用下发生变化，或与环境中的其他物质发生反应所形成的物理、化学性状与一次污染物不同的新污染物，称为二次污染物，也称继发性污染物。二次污染物的危害程度一般比一次污染物严重。一次污染物可以转化为二次污染物。从上述工业污染物的介绍可以看出，工业废气中有一次污染物，但更多的是二次污染物。

三、工业废气污染的危害

废气污染的危害主要有：对人体健康的危害；对生物的危害；对物品的危害；对地球大环境的影响四个方面。

1. 对人体健康的危害

大量工业废气排入大气，必然对大气环境造成严重污染，使大气环境质量下降，影响和危害人体健康，影响经济社会发展，甚至造成巨大的生态灾难。大气污染可对人体健康造成直接危害和间接危害。直接危害是指大气污染物通过呼吸道和皮肤进入人体后，能给人的呼吸、血液、肝脏等系统和器官造成暂时性和永久性病变。这类污染物主要有飘尘、二氧化硫、氮氧化物、一氧化碳、苯并[*a*]芘等，尤其是苯并[*a*]芘类多环芳烃能使人体直接致癌。通过呼吸道直接进入人体的污染物对人体危害最大。因为，一个成年人每天要呼吸两万多次，吸入 15～20 米^3 的空气，这些空气要在 55～70 米^2 的肺泡面积上进行气体交换、浓缩，加上整个呼吸道富含水分，对有害物质黏附、溶解、吸收能力大、致害性强。间接危害是指大气污染物降落到土地上溶入土壤和水体中，通过生物链进入人体造成的危害。

（1）飘尘的危害：就是在人们不经意的情况下，通过呼吸道进入肺部，滞留在鼻咽部和气管的颗粒物与进入人体的二氧化硫等有害气体产生刺激和腐蚀黏膜的联合作用，损丧黏膜、纤毛，引起炎症和增加气道阻力。持续不断的作用，会导致慢性咽炎、慢性气管炎。滞留在细支气管与肺泡的颗粒物也会与二氧化氮等产生联合作用，损伤肺泡和黏膜，引起支气管和肺部产生炎症。经常在粉尘严重的环境下工作，容易患各种肺部疾病，如尘肺病、硅肺病、石棉病等。

（2）二氧化硫的危害：空气中二氧化硫的浓度只有 1×10^{-6}（一百万分之一）时，胸部会有被压迫的不适感；当浓度达到 8×10^{-6} 时，就会有呼吸困难的感觉；当浓度达到 10×10^{-6} 时，咽喉纤毛就会排出黏液。研究结果表明，大气中二氧化硫的浓度每增加一倍，总死亡率增加 11%。典型的二氧化硫中毒引起的震惊世界的八大公害事件之一的“1952 年伦敦烟雾事件”曾致数千人死亡。

（3）氮氧化物的危害：进入肺泡的氮氧化物约可滞留 80%，四氧化氮与二氧化氮均能与呼吸道黏膜的水分相互作用，对肺组织产生强烈的刺激和腐蚀作用，可增加毛细血管及肺泡壁的通透性，引起肺水肿。一般情况下，空气中的污染物以二氧化氮为主时，肺的损伤比较明显，严重时可出现以肺水肿为主的病变。当污染物以一氧化氮为主时，高铁血红蛋白的形成就占优势，中毒发展迅速，出现高铁血红蛋白症和中枢神经损害症状。

（4）一氧化碳的危害：一氧化碳中毒是以中枢神经系统损害为主的全身性疾病，起病急、潜伏期短。轻、中度中毒主要表现为头痛、头昏、心悸、恶心、呕吐、四肢乏力、意识模糊，甚至昏迷（时间短，经脱离现场抢救，可较快苏醒），一般无明显并发症。重度中毒者达深昏迷状态，往往出现牙关紧闭，强直性全身痉挛、大小便失禁。我们平时说的煤气中毒，就是急性一氧化碳中毒。

（5）苯并[*a*]芘的危害：烘烤和烟熏食品能在食品表面产生大量的致癌物质苯并[*a*]芘，苯并[*a*]芘也是香烟烟雾中的主要化学成分之一。苯并[*a*]芘可以使肝脏、胃、结肠、食管、肺和乳腺等组织产生恶性肿瘤。一公斤木炭烤肉表面上的苯并[*a*]芘含量与 600 支香烟中的苯并[*a*]芘含量相等，脂肪多的烤肉上面苯并[*a*]芘集中的也多。

另外，空气中的硫酸烟雾、铅、氰化物、氟化物、氯化物对人体也有一定的危害。

2．对生物的危害

因动物和植物大部分是暴露在大气环境中生存的，所以大气污染对生物的危害主要表现在对动物和植物的危害两个方面。

（1）大气污染对动物的危害：家禽家畜直接吸入大量的污染物可引起急性中毒，甚至大量死亡。如伦敦烟雾事件中，首先发病的是参展的 350 头牛，其中 66 头因呼吸系统严重受损而死亡。进入大气中的污染物通过降雨进入土壤和水体，进入食物链，在植物体内富集，可引起草食动物中毒致病或死亡。空气中的污染物可使畜禽等动物体质变弱，如鸡在粉尘污染严重的环境中很难长大、无法下蛋；蚕吃了受粉尘污染的桑叶生长缓慢，产丝量下降。包头钢铁厂排放氟含量很高的废气，污染周围的牧草和水源，导致牛、羊、马等动物骨骼变形等。

（2）大气污染对植物的危害：大气污染物，尤其是二氧化硫、氟化物等对植物的危害是十分严重的。受污染的空气通常是通过植物叶背的气孔进入植物体内，破坏叶绿素，使其生理机能受到影响，抑制植物生长，产量下降、质量降低；或使植物组织脱水坏死，抗逆性降低，表现出对污染物的受害症状。如植物叶面产生伤斑或者直接使叶枯萎脱落；调查发现，大气污染严重的地区，植物病虫害发生都比较严重，严重影响林业生产。

3．对物品的危害

大气污染可对皮革纺织品、金属制品、建筑建材、文化艺术品等造成化学性损害。我国的云冈石窟的雕塑、壁画因质地松软和在风雨和酸性物质的侵蚀下受到严重破坏，有的已荡然无存。

4. 对地球大环境的影响

工业废气对大气环境的污染正在对全球气候变化产生重大影响。有研究认为，在可能引起气候变化的各种大气污染物质中，二氧化碳作用重大。从地球上无数烟囱和其他种废气管道排放到大气中的大量二氧化碳，约有 50%留在大气里。二氧化碳能吸收来自地面的长波辐射，使近地面空气层温度增高，这叫做“温室效应”。据估算，大气中二氧化碳含量增加 25%，近地面气温可以增加 0.5～2℃。如果增加 100%，近地面温度可以增高 1.5～6℃。目前已有青藏高原和北冰洋冰川融化消失的多篇报道。目前，大气中二氧化碳等温室气体污染引发的自然灾害正在不断加剧，温室气体排放量也在不断增加。有研究报告认为，到 2050 年气候变暖每年给世界造成的损失将超过 3 000 亿美元。

大气氟利昂污染导致臭氧层破坏，臭氧层的存在可以阻挡紫外线的有害辐射，使地球生物免受伤害。20 世纪 30—90 年代，人类共生产了 1 500 万吨氟利昂污染物，进入大气中的氟利昂寿命长达数百年，所以人类排入大气的氟利昂大部分仍留在大气中，对臭氧层形成持续性危害。大气中臭氧的减少，不仅动植物的生长会受到危害，而人类健康也不能例外，同样会受到危害。大气平流层中臭氧总量减少 1%，预计到达地面的紫外线将增加 2%，白内障发病率将会增加 7%，全世界皮肤癌的发病率将提高 25%，每年会增加 170 万白内障患者和 30 万皮肤癌患者。据研究，紫外线辐射的增加会改变人类的遗传信息并破坏蛋白质。

酸雨对建筑物、雕塑、金属制品危害严重。酸雨是指 pH 小于 5.6 的降水，包括雪、霜、雾、雹等。酸雨中绝大部分是硫酸和硝酸，来源于化石燃料燃烧排放的二氧化硫和氮氧化物。酸雨可使土壤、河流、湖泊酸化，能使大片森林和农作物毁坏（图 5-6）。酸雨腐蚀力很强，能使建筑材料、金属结构、桥梁、工业装备、供水管网、通信电缆等进行腐蚀，使纸品、纺织品、皮革制品等腐蚀破碎，能使金属的防锈涂料变质而降低保护作用，还会腐蚀、污染建筑物。

图 5-6　酸雨对文物的危害

（引自百度图片）

四、工业废气污染防治

工业废气污染防治，主要是控制有害有毒的工业废气不经处理直接排入大气环境，避免工业废气对环境的污染。工业废气在进入大气环境之前，除进行除尘净化外，还必须采取各种方法对有害气体加以净化，有些废气可直接进行再利用，有些废气在净化过程中可以回收利用某些有用的成分。同时，对已经排入大气环境的有毒有害气体采取措施进行治理。

工业废气污染防治，无疑也是一项系统工程，需要从工业布局、集中用能、废气排放方式、改进能源结构、植树种草等方面，采取再利用和无害化处理各种技术手段，进行综合防治。

1. 系统规划，科学布局

工业布局与大气污染关系密切，直接影响区域内的大气环境质量。工业过分集中，废气排放数量过大，会造成区域性大气污染物浓度严重超标，受区域性气候影响，不易稀释和扩散，严重超出区域性大气生态自净能力，造成区域性环境污染，危害人体健康和工农业生产。如果工业布局科学合理，工业废气及其他污染物排放量被限制在环境自净能力范围之内，对大气的污染较轻，相对危害较小。所以科学合理的工业布局，可以有效防治废气排放对环境的污染。

2. 集中用能，减少废气排放量

乡镇工业具有规模小，技术含量低，经营方式粗放，污染防治设施缺乏，能源利用方式落后，能效利用率低等特点。采取区域性供能、供暖和供热相对集中的方式，可以有效降低废气排放量，减少环境污染。集中用能供热，一是可以提高锅炉设备的效率降低燃料消耗量；二是可以充分利用废热，提高热效利用率；三是集中用能设备容量大，可以采取高效除尘、脱硫等技术措施，对废气进行降尘脱毒处理；四是可以节约燃料运输费用。

3. 尽量选择有利于废气污染物扩散的排放方式

集中用能、能热联供，采用高架烟囱和集合烟囱的排放方式，可以加大污染物在大气中的扩散能力，减轻区域性环境污染。而农村大量存在的中小企业的低矮烟囱或简易烟囱的废气排放方式，不利于污染物的及时扩散，容易造成区域性环境污染。

4. 使用清洁能源，调整燃料结构

调整燃料结构是降低工业废气排放的有效方式。调整我国以煤为主的能源结构，加强煤炭的气化利用率，扩大天然气利用比例，充分利用生物质能、水能、核能、太阳能、风能、潮汐能和地热能，有效降低煤炭的使用比例，是防治废气污染的根本措施。

5. 大力植树造林，绿化环境

树木花草等绿色植物不仅能美化环境，通过光合作用调节碳氧平衡和空气温度、湿度，防风固沙，保持水土，还能净化空气、吸附粉尘、减轻噪声污染。经观测，被污染的空气经过林带，可使粉尘量减少 32%～52%，飘尘量减少 30%，一公顷森林每年可吸附

50多吨尘埃。有些植物还有杀菌和消灭害虫的能力。

另外，采用大气污染控制技术，是降低或防治工业废气污染的根本出路。目前应用较多的是消烟除尘技术、脱硫技术、汽车尾气净化技术、氯氟烃和消耗臭氧层物质控制与削减技术、工业有毒气体控制技术等。有条件的地区和企业可以根据具体情况选用上述技术的一种或多种，用于废气污染防治。

第四节　工业废水污染的危害与防治

农村工业废水污染是指遍布农村的工业企业，在生产过程中产生的大量废水直接排入环境，或虽经过处理，但达不到排放要求的废水排入周围环境，给农村水体、土壤、植被及大气等生态环境造成的严重污染。废水污染防治是指采取行政、技术和动员社会力量共同参与等措施，从生产环节入手，在源端预防污染，在末端治理污染，防治废水污染农村环境。

一、工业废水及其种类

工业废水，指工业生产过程中产生的废水、废液，其中含有随水流失的工业生产用料、中间产物和产品以及生产过程中产生的副产物。工业废水中存在各种有毒有害以及生物难降解的物质。工业废水通常情况下分为三类：

（1）按工业废水中所含污染物的化学性质可分为无机废水和有机废水。如电镀废水和矿物加工过程中产生的废水是无机废水；食品或石油加工过程产生的废水是有机废水。

（2）按工业企业的产品和加工对象，可分为冶金废水、造纸废水、炼焦废水、金属酸洗废水、化学肥料废水、纺织印染废水、染料废水、制革废水、农药废水、电站废水等。

（3）按废水中所含污染物的主要成分，可分为酸性废水、碱性废水、含氰废水、含铬废水、含镉废水、含汞废水、含酚废水、含醛废水、含油废水、含硫废水、含有机磷废水和放射性废水等（中国大百科全书，2009）。

目前我国大工业生产废水均要求达标排放，但不达标排放事件经常发生。我国 2 314 万家乡镇企业由于规模小，生产废水达标排放的少，绝大多数企业没有废水处理设施，废水不经处理直接排放的现象较为普遍。从我国水污染总体情况看，不仅地表径流污染严重，而且地下水体也受到不同程度的污染。

二、工业废水污染

工业废水中所含的毒物数量大、种类多。其中主要有：洗涤剂、染料、酚类物质、油类物质、重金属、放射性物质以及一些富营养化物质，如氮、磷等（图 5-7）。

图 5-7 某工业园区每天产生大量的工业污水

（引自蜂鸟网，卢广，2009）

目前，我国现有的水质污染综合指标，即 BOD、COD、TOD、DO 等化学监测只能测出某一指标，并不能反映多种毒物的综合影响（王焕校，2006）。而且，进入水体环境的工业废水既有城市工业废水，也有城市生活废水，有乡镇工业废水，也有农村生活废水，同时还有数量庞大的工农业生产、生活固体垃圾。所有进入水体的污染物，不仅对水体生态环境造成严重污染，而且通过水的再利用和大气蒸发，使这些进入水体的污染物，对陆地生态环境和大气生态环境造成不同程度的间接污染。进入 21 世纪以来，我国废水排放总量逐年加大（见表 5-2），废水对环境的污染危害也逐年加剧。废水排放对环境的污染主要表现在废水灌溉引起的土壤环境污染和水体富营养化两个大的方面。

表 5-2 2000—2008 年我国废水排放总量

年份	废水排放总量/亿吨	工业	生活	化学需氧排放总量/万吨	工业	生活
2000	415.2	194.2	220.9	1 445.0	704.5	740.5
2001	428.4	200.7	227.7	1 406.5	607.5	799.0
2002	439.5	207.2	232.3	1 366.9	584.0	782.9
2003	460.0	212.4	247.6	1 333.6	511.9	821.7
2004	482.4	221.1	261.3	1 339.2	509.7	829.5
2005	524.5	243.1	281.4	1 414.2	554.7	859.5
2006	536.8	240.2	296.6	1 428.2	541.5	886.7
2007	556.8	246.6	310.2	1 381.8	511.1	870.8
2008	571.7	241.7	330.0	1 320.7	457.6	863.1

注：表中数据摘自《中国环境年鉴 2009》。

1. 污水灌溉引起的土壤环境污染

生活污水和农产品加工业污水灌溉农田可以提高土壤肥力。污水中含有的氮、磷等大量营养元素能被植物吸收和利用，既可以节省大量的化肥和有机肥，还可以改善土壤的物理性质，增强土壤的微生物活性。农田生态系统尽管有很强的净化能力，但污染物含量一旦超过生态系统的净化阈值，系统的结构和功能就会受到严重破坏，不仅失去净化能力，还会导致污染物沿食物链迁移和富集。当有机物过多时，由于有机物的分解需要消耗大量的氧气，造成土壤缺氧，甚至形成厌氧条件导致农田土壤产生甲烷、硫化氢等气体和铬酸、有机酸和醇类，这些有机物还会进一步分解，影响植物对营养元素的吸收，妨碍正常的生理代谢（王焕校，2006）。微量元素是植物必需的元素，但过量也会产生毒副作用，许多农村直接用工业废水灌溉农田，导致微量元素大量进入土壤环境，严重影响农作物的生长。废水中的油污还容易引起土壤理化性质恶化。废水中的有机氯、重金属容易引起蔬菜等农作物重金属残留超标，严重危害人体健康。

2. 水体富营养化

排入水体的工业废水中含有大量的营养元素，在一定光照、水温等条件作用下，会引起藻类及其他浮游生物迅速繁殖。这些生物集中在水层表面进行光合作用释放氧气，使表层湖（塘、海）水溶解氧达到饱和，从而阻止了大气中的氧气溶入湖（塘、海）水，大量死亡的藻类在分解时又要消耗水中的溶解氧，还会释放出甲烷等气体，使水体散发出一股腥臭味。同时，使水中溶解氧减少，导致鱼类死亡，水面泛出成片的白色水沫，这种现象在淡水湖泊、江河中称为水华，在海中叫做赤潮。另外随废水进入水体的油污、重金属、放射性元素等油污染、热污染、镉、汞污染等因素对水体环境也能造成严重污染。在 4 000 多种海洋微藻中有 260 多种能形成赤潮，其中有 70 多种能产生毒素（杭州市环保局，2005）。

实际上富营养化是水体衰老化的一种表现，也是湖泊分类与演化的一个指标。是指水体中营养物质过多，特别是氮、磷过多而导致水生植物（浮游藻类等）大量繁殖，影响水体与大气的正常氧气交换，加之死亡藻类分解消耗大量的氧气，造成水体溶解氧迅速下降，水质恶化，鱼类及其他生物大量死亡，加速水体老化进程（王焕校，2006）。淡水湖泊富营养化，导致蓝藻大量繁殖，水质恶化，严重影响工农业生产和人畜饮水安全，也影响水上旅游业的发展。

三、工业废水污染的危害

我国是一个水资源相对丰富的国家，地表径流总量为 27 000 亿立方米，居世界第 6 位。但我国人均占有水资源量却较少，人均占有地表水仅 2 639 立方米，居世界第 110 位，为世界人均径流量的 1/4。不仅淡水资源人均占有量有限，而且分布不均匀，东南部降雨量大，水量丰富，西北部降雨量小，水量严重不足。加上人口急剧增长和工农业用水量不断增加，许多地区缺水的现象严重，全国有 5 000 多万农村人口饮水困难，3 000 多万头牲畜缺水。目前，我国水资源面临的形势严峻，一方面水资源总量不足；另一方面水污染严重。日趋严重的水污染，给人体健康和经济社会发展带来严重的危害。

1. 水污染对人体的危害

（1）引起急慢性中毒，工业废水中含有许多化学有毒物质，这些化学有毒物质排入环境后会通过向土壤和地下水体渗滤转移到土壤和饮用水体中，最后这些有害物质在动植物体内富集，然后经食物链进入人体。通过被污染了的饮用水和食物进入人体的有害化学有毒物质在人体内新陈代谢的过程中，通过消化道进入人体的各个部分。当通过水和食物摄入过多某些或某种人体生命过程所必需的营养元素时，都会形成中毒反应，影响人体健康。如甲基汞中毒（水俣病）、镉中毒（骨痛病）、砷中毒、铬中毒、农药中毒、多氯联苯中毒等，是水污染对人体危害的主要方面。

（2）致癌作用，工业废水成分复杂，含有大量的砷、铬、铍、镍、苯胺、苯并[*a*]芘和其他多环芳烃等污染物质，这些有毒物质进入水体后，可在水中的浮游植物（各种藻类）、底泥和水生生物体内蓄积。长期饮用和食用被这类物质污染的水和水生物，可以诱发癌症。据调查，饮用受污染水的人，患肝癌和胃癌等癌症的发病率，要比饮用清洁水的高 61.5%左右。

（3）发生以水为媒介的传染病，制革、屠宰、食品加工等工业废水进入水体和土壤环境后，一些病原体、细菌、寄生虫可存活很长时间，容易通过空气、食物、饮用水传播，引起细菌性肠道传染病和某些寄生虫病，如痢疾、肠炎、伤寒、霍乱、传染性肝炎和血吸虫病等。另外废水污染环境后，常可引起水环境和其他环境的感官性恶化，发生异臭、异味、异色，使这些被污染的环境在很长时间内失去利用功能。

2．水污染对水生生物的危害

水中生活着各种各样的水生动物和植物。这些水生动物和植物与水、水生动植物之间进行着复杂的物质循环和能量流动，从总量上保持着一种动态的平衡关系。当含有毒有害物质的废水进入环境后，水和土壤环境中的一些水生生物和土壤微生物会中毒死亡，而一些耐污的水生生物和微生物会快速繁殖，大量消耗溶解在水和土壤中的氧气，使有益的水生生物和土壤微生物因缺氧被迫迁徙他处，或者死亡。特别是有些有毒元素，既难溶于水又易在生物体内累积，对人类造成极大的伤害。如汞在水中的含量是很低的，但在水生生物体内的含量却很高，在鱼体内的含量又高得出奇。假定水体中汞的浓度为 1，水生生物中的底栖生物（指生活在水体底泥中的小生物）体内汞的浓度为 700，而鱼体内汞的浓度高达 860。如 20 世纪 50 年代，日本熊本县水娱湾地区被新日本氮肥公司水娱工厂和昭电鹿濑工厂排出含有机汞和甲基汞的废水污染了附近的海水，经鱼及贝类在体内富集而引起居民甲基汞中毒，死亡近千例，发病人数超过 10 000 人。又如 1972 年伊拉克甲基汞污染种粮引起的上万例中毒事件。由此可见，当水体被污染后，一方面，导致生物与水、生物与生物之间的平衡受到破坏；另一方面，一些有毒物质不断转移和富集，最后危及人类自身的健康和生命（杭州市环保局，2005）。

3. 水污染对工农业生产的影响

经济发展需要良好的生产环境，不仅需要有符合要求的水源水量，而且需要未受污染的原材料，尤其是食品工业生产。否则，对工农业生产会造成很大的损失。被污染的水进入工业生产环节，会使工业设备受到腐蚀破坏，进而严重影响产品品质。尤其是食品工业，一旦生产用水被污染，后果不堪设想。农业生产使用污水灌溉后，容易引起粮食、蔬菜等食品的重金属残留，一旦通过食物链进入人体，会对人体健康造成极大的危害。更为严重的是进入土壤的污染物能改变土壤的化学成分，使肥力下降，导致农作物减产，甚至使土壤失去生产功能。如湖南省浏阳市镇头镇被长沙湘和化工厂废渣、废水、粉尘、原料产品运输与堆存引起的土壤镉污染事件。还有更为直接的影响是水体污染可使城乡增加生活用水和工业用水的污水处理费用。

四、工业废水污染防治

目前，我国农村工业废水直接排放或不达标排放现象比较普遍，工业废水、养殖业废水和农村生活废水是农村水环境污染的三大污染源，其中工业废水排放量最大，危害严重，尤其是造纸和化学工业废水排放量大，污染危害最为严重。防治工业废水污染，关键是控制工业废水排放量，同时强调工业废水达标排放，就是严格控制不经处理直接排放和不达标排放现象，严格环境执法，控制一切直排、偷排和不达标排放现象发生。农村工业废水污染防治是一项系统工程，涉及面广，牵涉面大，需要从政府到民众，从宏观到微观等各个层面广泛动员，采取综合防治策略。

1. 废水污染的宏观控制

进入农村环境的工业废水不仅仅是农村工业废水，而且有大量的城市工业和生活废水，防治废水对农村环境的污染，不仅需要控制农村工业废水排放，也需要控制城市工业和生活废水排放。从宏观策略上，应把水污染防治和保护水环境作为重要战略目标，进行工业布局调整，优化城乡工业结构，从生产环节控制废水发生量，从废水处理环节加强污水处理设施建设，减少废水直接排放量。

2. 废水污染的技术控制

（1）积极推行清洁生产。强调在生产、流通和产品使用、废弃物等环节中，节约资源，把可能对环境造成的污染，降到现代技术条件下的最低限度，兼顾经济效益和生态效益，最大限度地减少环境风险。生产环节强调使用环保材料，着眼于资源的循环利用，减少废弃物的发生量。流通环节强调缩短产品足迹，减少流通环节环境污染。产品使用和废弃环节强调多次利用和循环利用，减少废弃物发生量。清洁生产是经济与环境协调发展的最佳途径。

（2）提高工业用水的重复利用率。目前我国工业用水的重复利用率仅达 30%，远远低于发达国家 75%～85%的重复利用水平。我国工业用水重复利用率每提高 10 个百分点，可节水 150 亿立方米，相当于目前工业用水量的 1/6。所以，改进生产工艺，提高用水效率和重复利用率，可有效减少工业废水排放量。

（3）采用工程处理、土壤过滤处理、人工湿地处理、沼气处理等技术措施，集中处理和重复利用工业废水。城市周边农村的工业废水尽可能纳入城市废水处理管网，统一处理，达标排放。农村规模化工业项目，必须配套建设污水处理设施，达标排放。农村中小型加工业废水，可利用农村土地面积相对宽余的有利条件，对废水进行灌溉利用，或采取人工湿地、沼气、土壤过滤等技术手段，充分利用工业废水。同时提倡农村工业向小区适当集中，对生产废水集中处理，可有效降低污水处理成本，节约处理费用。

3. 废水污染的管理控制

建立健全工业废水排放标准和废水排放控制措施。从立法、执法、监管和社会监督等环节，对工业废水排放进行严格管理。一是加强城市废水处理设施建设，逐步实现达标排放，以减少农村水污染损失。二是加强农村废水处理设施建设，尤其是农村用水量大的规模化企业，必须有污水处理配套设施，对规模较小的工业企业产生的废水进行综合利用，减少废水直接排放量。严格环境监管，淘汰落后产能，根据环境消纳能力，合理确定废水排放量，把污水排放限制在环境净化值范围之内。

第五节　工业废渣污染的危害与防治

工业废渣污染是指工业生产过程中产生的固体或液体废弃物，这些进入环境的废弃物因含有各种有毒有害物质，对原生态环境造成不同程度的破坏和污染。工业废渣污染防治是指采取行政、技术等各种措施，对工业废渣进行无害化处理和再利用，以减少废渣污染危害。

一、废渣与工业废渣

废渣，亦称废弃物，是指人类生产和生活过程中排出或抛弃的固体、液体废弃物。按其来源可分为：矿业固体废物、工业固体废物、城乡垃圾、农业废弃物和放射性固体废物五类。

工业废渣是指工业生产过程中产生的固、液体废弃物，在环保实践中，工业废渣一般指工业固体废弃物。按照国家废弃物发生量统计口径，工业废渣按其来源可分为冶炼废渣、粉煤灰、炉渣、煤矸石、尾矿、放射性废物及其他废物等七大类。随着我国经济的快速发展，各种各样的工业废渣产生量也在迅速增加。

我国工业固体废物产生量从 1995 年的 64 474 万吨增加到 2008 年的 190 127 万吨，其中，除危险废物（化工废物）由 2 870 万吨下降到 1 357 万吨和放射性废物由 171 万吨下降到 21.4 万吨外，冶炼废渣由 7 091 万吨增加到 24 909 万吨，粉煤灰由 11 677 万吨增加到 35 096 万吨，炉渣由 7 893 万吨增加到 18 512 万吨，煤矸石由 11 768 万吨增加到 20 232 万吨，尾矿由 18 957 万吨增加到 52 113

万吨，其他废物由 4 028 万吨增加到 22 144 万吨。脱硫石膏 2005 年以前没有统计数据，从 2006 年的 872.8 万吨增加到 2008 年的 3 336 万吨（见表 5-3）。除危险废物和放射性废物呈下降趋势外，其他废物均呈快速增长趋势。

表 5-3 各地区工业固体废物产生量 单位：万吨

年份	工业固体废物产生量	冶炼废渣	粉煤灰	炉渣	煤矸石	尾矿	放射性废渣	其他废物
1995	64 474	7 091	11 677	7 893	11 786	18 957	171	4 028
2000	81 608	8 841	12 653	9 374	15 214	26 691	7.9	7 995
2005	134 449	18 199	23 377	13 722	16 158	38 519	19.6	13 383
2008	190 127	24 909	35 096	18 512	20 232	52 113	21.4	22 144

注：表中数据引自中国环境年鉴 1996 年、2006 年、2009 年。

工业固体废物综合利用量由 1995 年的 28 511 万吨增加到 2008 年的 123 482 万吨，其中，危险废物（化工废物）利用量由 1 826 万吨下降到 496 万吨，冶炼废渣利用量由 5 935 万吨上升到 16 243 万吨，粉煤灰利用量由 5 592 万吨上升到 25 634 万吨，炉渣利用量由 5 742 万吨上升到 16 646 万吨，煤矸石利用量由 5 090 万吨上升到 15 021 万吨，尾矿利用量由 1 400 万吨上升到 12 353 万吨，其他废物利用量由 2 927 万吨上升到 17 027 万吨（见表 5-4）。工业废弃物利用率高于 50%，但仍有大量废物堆积废弃。

表 5-4 各地区工业固体废物利用量 单位：万吨

年份	工业固体废物综合利用量	冶炼废渣	粉煤灰	炉渣	煤矸石	尾矿	其他废物
1995	28 511	5 935	5 592	5 742	5 090	1 400	2 927
2000	37 451	7 565	8 387	6 809	5 395	3 623	5 266
2005	76 993	16 243	16 916	12 137	10 911	7 951	9 599
2008	123 482	22 900	25 634	16 646	15 021	12 353	17 027

注：表中数据引自中国环境年鉴 1996 年、2006 年、2009 年。

以上数字不含乡镇企业固体废弃物排放量，因乡镇企业废弃物排放没有权威统计数字，只能依据乡镇企业年产值在国民经济体系中所占比重予以推算。1997 年，我国乡镇企业固体废物产生量约为 4 亿吨，危险废物 1 077 万吨。按年增长率 10%推算，2008 年乡镇企业固体废弃物排放量不低于 10 亿吨，而且这部分固体废物的利用率不足 20%。保守估计，我国每年堆存弃置的固体废弃物不低于 15 亿吨，历年累积，目前在农村环境中长期堆存弃置的固体废弃物高达数百亿吨，如此巨大的废物量，不仅占用了大量土地，而且严重污染环境，造成的污染损失和资源浪费每年高达近千亿元。

二、工业废渣造成的环境污染

从农村环境角度看，我国固体废弃物长期堆存所引起的环境污染似乎都发生在农村，尤其是城市郊区的村庄，很多土地变成了城市垃圾的堆存场。近几年来，一些材料工业和废渣发生量大的工业项目正在从城市转向农村，与企业转移跟随而至的工业废渣将会大量出现，对农村环境造成严重影响。年发生量不断增加的工业废渣与生活垃圾相混合，带来严重的环境污染。工业废渣等固体废弃物对环境的污染主要表现在占压大量土地、污染空气、水体，部分废弃物堆场引发爆炸事故等方面（图 5-8）。

图 5-8　某工业园区的化工废料堆放长江堤上

（引自蜂鸟网，卢广，2009）

1. 占压大量土地，污染土壤生态环境

固体废物不加以利用时，多数情况下要占地堆放，堆积量越大占地越多。据估算，每堆积 1 万吨废渣约需占地 1 亩。有统计显示，世界几个工业化国家固体废物侵占土地面积依次为：美国 200 万公顷，前苏联 10 万公顷，英国 60 万公顷。到 1994 年，我国仅工业废渣、煤矸石、尾矿堆累积就达 66 亿吨之多，占地 90 多万亩。2008 年，我国煤矸石发生量为 20 232 万吨，按 1 万吨占地 1 亩计算，约需占地 20 232 亩。2008 年当年全部工业废物发生量是 190 127 万吨，综合利用量为 123 482 万吨，剩余的 66 645 万吨需要占地堆存，约需占地 66 645 亩。加上历年累积堆存量和乡镇企业工业废弃物堆存量。保守估计，我国固废堆存占地应不低于 200 万亩。工业废渣在长期堆存过程中，废渣中的有害组分会缓慢释放渗入土壤，对土壤生态环境造成不同程度的污染。废物中的重金属等有害物质还会在土壤中累积，对农作物生长带来危害。废物中的有害物质还能杀灭土壤中的微生物，使土壤丧失腐解能力，导致草木不生，严重破坏土壤的生态平衡。

2. 严重污染空气、影响居民生产、生活

固体废物中的有机废物，在适宜的温度、湿度条件下被微生物分解，能释放出有害气体。以细粒状存在的废渣在风力作用下会随风飘散至很远的地方，部分飘尘容易长时间滞留在空气中。同时，如此巨量的固体废弃物在运输、再利用处理过程中也会产生有害气体和粉尘。如煤矸石在长期堆存过程中会散发大量的二氧化硫。在我国山西、河南、山东、河北、内蒙古、辽宁、吉林、黑龙江等煤炭工业大省、自治区，有很多煤矸石堆，有的还形成煤矸石山。这些长年堆存的煤矸石每年都会产生大量的二氧化硫气体进入大气。过去，在辽宁、山东、江苏等省的 112 座矸石堆中，自燃起火的有 42 座。陕西铜川市因煤矸石自燃，每天产生的二氧化硫量高达 37 吨。在大量垃圾露天堆放地区，有大量的氨、硫化物向大气扩散，

仅有机挥发性气体就多达 100 多种，尤其是焚烧处理固体废物产生的大量烟尘中含有二噁英等致畸、致癌物质。垃圾露天堆放的地方老鼠成灾、蚊蝇滋生繁殖、臭气熏天、传播疾病，严重影响周围居民的正常生活。

3．严重污染水体环境，是水体富营养化的元凶之一

各地大小不等的废渣山、垃圾堆中的有害物质，可以通过雨水渗滤进入地下水体，经雨水冲刷随地表径流进入地表水体，还可以随风飘散，以浮尘形式存在于地表环境中，雨季到来后随地表径流进入水体环境，也可直接随风飘入水体。工业废渣及其他固体垃圾对水体环境的污染是地表、地下、海洋等水体环境全方位污染的重要污染源之一。

工业废渣及其他固废垃圾长期堆存形成的渗滤液中的有机物含量，比工业废水中有机物含量要高出 10 倍、数十倍，甚至上百倍。如垃圾渗滤液中 COD 浓度一般在 2 000～20 000 毫克/升，有的甚至可以达到 80 000 毫克/升，这与造纸蒸熏的高浓度有机废水 COD 含量相当。同时废渣等垃圾渗滤液中含有大量的氮、磷等富营养元素，这种渗滤液进入水体会造成严重的水体富营养化，使水体环境迅速恶化，在内陆淡水湖泊形成水华，在近海水体环境中形成赤潮，严重影响渔业生产和沿湖（海）居民的生产、生活。我国东北的韩家洼子垃圾填埋场的地下水色度、锰、铁、酚、汞含有量及细菌总数、大肠杆菌数都严重超标，汞超出 20 倍，细菌总数超出 4.3 倍，大肠杆菌超出 11 倍。

4．大量的废渣等垃圾堆容易引起燃烧、爆炸等事故，给当地居民造成严重损失

工业废物一般情况下采用堆积存放的方法，有的选天然山谷，有的选择自然洼地作为固体废物的堆存场地，因这些废物中有机物含量高，堆存量大，很容易形成厌氧环境，产生甲烷气体，经常引

发自燃、爆炸等事故。1995 年北京市昌平县发生三起沼气引起的爆炸事故，就是长年堆存垃圾的垃圾场产生的沼气扩散至居民家中引起的。同时工业废渣及其他固体垃圾在自燃和爆炸过程中容易释放二噁英等剧毒物质，可对周围居民身体健康造成严重危害。

三、废渣等工业固体废物的污染危害

工业固体废物中含有多种有害的可溶性和挥发性物质。通过降水淋溶作用会污染土壤、地表水、地下水系统。严重时会淤塞河道，影响生物正常生长，危害人体健康。干燥的和含有挥发性物质的工业废物也会随风传输，污染大气。由于工业废物的产生量远大于城乡生活垃圾，且废物中大多数污染物不可降解或难以降解，因而对于环境的潜在威胁比城乡生活垃圾严重得多。

1. 污染土壤的危害

生态系统中，土壤子系统是人类赖以生存的最重要的自然资源之一。我国有占世界 1/5 的人口，却只有占世界 7%的耕地面积，人均耕地面积不足世界人均面积的 1/4，且可开垦土地资源严重不足。随着城市化发展占地数量不断增加，同时沙漠化、水土流失也造成耕地面积不断减少。矿山开采、固废堆放占用土地面积高达 330 万公顷。随着废物排放和农业化学化，我国农田受到重金属、农业化学品、酸雨沉降、放射性物质、矿物油及致病微生物等因素所污染的面积已达 2 000 万公顷，相当于耕地面积的 1/5。

我国工业废弃物每年发生量高达 13 多亿吨，加上乡镇企业废物发生量，除去已被利用的部分，每年进入环境的废弃物不少于 15 亿吨。由于工业废弃物成分相当复杂，废弃物中的重金属进入土壤后不能被土壤微生物所分解，易于在土壤中积累，甚至在土壤中可转化为毒性更大的甲基化合物，通过食物链在动物、人体内积累，严重影响人体健康。进入土壤的重金属及其他有毒元素严重影响土壤微生物生长繁殖及新陈代谢过程，还将影响土壤代谢、土壤酶活性等正常生理生态功能。因此重金属是土壤中最重要的污染物之一。

2. 污染水体的危害

工业废弃物通过地表径流、渗滤和随风飘移进入水体，对水体生态环境造成严重污染危害。不仅减少水体面积，而且妨害水生生物生存和水资源的利用。近几年，连续发生的太湖蓝藻和不断泛滥的近海赤潮，与工业废弃物中的氮、磷等富营养物质进入水体密切相关。对渔业生产和沿海（湖）居民的生产、生活造成严重影响。

3. 污染大气的危害

固体废物微粒及有害气体进入大气环境，对大气生态环境造成严重危害，主要表现在：破坏臭氧；使臭氧减少；臭氧层变薄；使大地接受的紫外线辐射增加；抑制植物的光合作用；造成农作物减产，给地球生物带来直接危害。同时使呼吸道疾病、皮肤癌和白内障患者增加等，对人体健康带来严重威胁。大气被污染后形成的酸沉降，对森林、建筑物、交通工具等形成酸腐蚀，严重影响工、农业生产。废渣污染导致二氧化碳等温室气体排放量增加，使气温变暖，容易消融冰川、抬高海平面，造成全球性大尺度的生态灾难。

4. 视觉环境污染危害

随处可见的垃圾堆，经常散发有害气体、粉尘和随地表径流进入水体，漂浮在水面上的大量有害垃圾，严重污染视觉环境，影响人们的健康情绪，进而影响工、农业生产和经济、社会发展。

四、工业废渣污染防治

工业废渣等固体废弃物的处理问题已引起社会各界和各级政府的高度重视。在物质的循环再生利用基础上发展循环经济理念被越来越多的人所接受。各种废弃物再利用和处理技术应运而生，废弃物利用和处理的法律、法规和政策措施纷纷出台。以减量化、再使用、再循环的经济活动行为准则的“3R 原则[①]”，旨在通过增强全民环保意识、资源意识，发动全社会的广泛参与，降低废弃物的产生量，并把废弃物看做资源，通过循环利用，以实现可持续发展的战略目标。

1. 工业废渣处理政策原则

我国《固体废弃物污染环境防治法》规定，国家对固体废物污染环境的防治，实行“减量化、资源化、无害化”原则，以及全过程管理原则和分类管理原则。

（1）减量化原则。就是在工业品生产、消费过程中，通过改变产品性能设计和生产工艺，用较少的原料、能源投入，达到既定的生产或消费目的。从经济活动的源头注意节约资源和减少污染物排放。生产环节注意生产小巧玲珑、适用、耐用的产品，减少产品包装，从而减少废物发生量。强调产品寿命结束后的重复再利用。最大限度地进行资源和能源再利用，尽可能减少废渣、废物的产生量。

（2）资源化原则。就是对已经成为废渣的各种物质，进行回收，或进行物质、能量转换，使其成为二次原料或能源予以再利用的过程。我国大量的工业废渣中含有大量的有用物质，如有机废渣的堆肥利用、能源利用，无机废渣的建材利用和重金属回收利用等。

（3）无害化原则。就是对不能再利用的工业废渣进行妥善贮存或处置，尽可能减少，或避免其对环境及人身安全造成危害。

（4）全过程管理原则。就是对工业废渣等固体废物从生产，收集贮存，运输，利用直到最终处置的全过程实行一体化的管理。采取措施防止或者减少工业废渣对环境的污染；收集、贮存、运输、利用、处置工业废渣的，必须采取防止环境污染的措施；对于可能成为废渣的产品管理，应当采用易回收利用、易处置或者在环境中

---

① 3R 原则：减量化（Reducing）、再利用（Reusing）和再循环（Recycling）三种原则的简称。其中减量化是指通过适当的方法和手段尽可能减少废弃物的产生和污染排放的过程，它是防止和减少污染最基础的途径；再利用是指尽可能多次以及尽可能多种方式地使用物品，以防止物品过早地成为垃圾；再循环是把废弃物品返回工厂，作为原材料融入到新产品生产之中。

易消纳的包装物。

（5）分类管理原则。就是对工业废渣的管理采取分类、分别管理的方法，制定不同的规定和措施。对普通工业废渣的污染防治采取一般性的管理措施，对危险工业废渣则采取严格的管理措施。

2. 工业废渣污染的技术防治措施

目前，国内外对工业废渣污染防治的技术措施主要包括压实、破碎、分选、固化、热解和生物处理等方法。

（1）压实技术。主要是缩小废渣的容积，在废渣收集过程中用机械压实，以降低运输成本，在垃圾场等废渣堆存场所，用大型滚压装置，将废渣压实，以增加废渣场的堆存量和延长填埋场寿命。

（2）破碎技术。为了进行废物再利用或无害化处理，对形体大的废渣进行符合再利用和处理要求的机械破碎，使其有利于回收再利用，或者有利于填埋、焚烧等无害化处理。

（3）分选技术。就是用大型专用垃圾分选机械装置，对废渣进行分选处理，把有害的、不能再利用的废渣进行分类筛选，或者进行磁性和非磁性差别分选，或者按粒径尺寸大小进行差别分选，以利于再利用和无害化处理。

（4）固化处理技术。固化处理技术在工业废渣处理中应用比较广泛，就是通过向废渣中添加固化助剂或固化基材，使废渣固定或被固化基材所覆盖，减少废渣水蚀、风蚀等流失污染。目前固化助剂在废渣建材利用中应用越来越广泛，固化基材采用水泥砂浆或尼龙等覆盖物的较多。

（5）热解处理技术。就是对易燃废渣进行高温分解和深度氧化的综合处理技术。利用热解技术对可燃废渣进行能量转换处理，热解转化而来的热能可发电利用，也可热水利用。废渣热解处理技术具有占地少、处理量大、灰度小、再污染少和效果好等特点。目前，小型等离子气化焚烧炉技术渐趋成熟，非常适合农村废渣及其他固体废物分散、量小的特点，值得大力推广。

（6）生物处理技术。就是利用微生物对有机废渣进行分解转化，可以使有机废渣转化为能源、食品、饲料和肥料，还可用来从废渣中提取金属，是废渣资源化利用的有效技术方法。目前，应用广泛的生物处理技术有堆肥、沼气、糖化、饲料和生物浸出等技术。

（7）填埋和海洋处置技术。就是对因技术条件限制无法转化利用的工业废渣等终态固体废物，进行填埋处理或倒入海洋处理的方法。填埋是目前应用较为普遍的废渣处理方法，较常用的有垃圾填埋场卫生填埋法，深井灌注安全填埋法两种。

海洋处置有海洋焚烧和海洋倾倒两种方法。海洋是个庞大的废弃物接收体，对污染物具有强大稀释降解能力。海洋处置也需要选择适当的区域，不论是焚烧或者是倾倒，都要做到不构成对海洋环境的污染。

第六章　农村生态建设与环境管理

农村生态问题的提出，是因为农村自然环境受到了人类活动不同程度的污染和破坏，出现了生态危机。这些污染和破坏，或生态危机主要表现在植被、大气、水、土壤等生态环境的污染和破坏与生物多样性丧失及外来生物入侵等方面。由植被、大气、水和土壤等基本要素组成的农村自然生态环境是农村社会生存和发展所依赖的基本物质条件，这些基本物质条件的污染和破坏必然对农村经济社会发展带来严重或灾难性影响，形成刚性约束，会在一定程度上减缓或制约农村经济社会的发展。

第一节　农村主要的生态问题

农村生态系统包括村落生态系统、农业生态系统和自然生态系统三个部分，本节重点讨论农村自然生态环境中存在的生态破坏及其危害和自然生态保护问题。随着农村经济的发展，由植物、动物、微生物构成的农村自然生态系统受到人类活动的严重影响，森林破坏，导致植被面积减少，沙漠化土地面积不断扩大，草地退化、沙化、盐碱化，水土流失严重，沙尘暴活动加剧，以及生物多样性丧失和外来生物入侵等方面。

一、植被破坏

目前，我国农村自然生态系统中的植被破坏主要表现为森林减少、草地退化、沙漠化、沙尘暴等。这些在农村经济发展进程中所造成的植被生态破坏，是人类发展对资源的需求与资源的稀缺性和供给不足矛盾共同影响的结果。主要有人类过度开采、过度樵采和过度放牧三个方面。资源总量不足，分布不均是我国的基本国情，与不断增长的人口需求矛盾尖锐。人们为了不断满足生存的需要，过采、过樵、过牧，使自然资源再生产能力严重下降，生态系统自我修复，自我维护能力不断减弱。

1. 过度开采

一部人类社会的奋斗史，实际上是一部人类利用和征服自然的“战争史”。人类在与自然的较量过程中，不断遭受大自然的惨烈报复。从目前农村经济社会发展过程中出现的生态破坏现象看，资源稀缺，供给不足，是主要原因。随着人口的增加，为了解决吃饭问题，就毁林开荒、围湖（海）造田。随着人们活动范围的扩大，道路越修越多，越来越远，海陆空三纬延伸，四通八达。为了改善生活条件，开山挖矿，修房造屋，一片片的水泥森林拔地而起。此类开采和建设活动主要动机是增加收入和改善生活质量。但是，人们不断改善生活质量的欲望是无止境的，所以，对资源的过度开采利用也将会是无止境的。只有当人们遭受到大自然的报复时，才会认真去反思自己不正确的资源观。长期以来，人们对自然资源的过度开采利用，已经造成林草面积减少，生态功能减弱的严重后果。近几年来，温室效应、阳伞效应①的交替影响，无不是生态破坏引起气候异常所致，1998 年的长江大水；2008 年的南方低温冰冻雨雪灾害；2009 年中部地区的春旱、东北地区的夏旱和南方地区的秋旱；2010 年春季云贵高原的持续干旱和夏季的持续降雨引发的洪水泥石流灾害等都是气候异常的例证。

---

① 阳伞效应：指由大气污染物对太阳辐射的削弱作用而引起的地面冷却效应。因为类似于遮阳伞，故称为“阳伞效应”。这种效应的原因有自然原因和人为原因两种。前者如火山喷出大量尘埃和海水浪花飞溅将各种盐分带入大气中；后者如工业、交通运输和生活中燃烧化石燃料排放的烟尘均可导致阳伞效应的发生。

2. 过度樵采

主要指农民为了增加收入，过度采集药材、野菜、林木、薪柴等。这种樵采的出发点不完全一致，薪柴樵采主要用于生活能源，是以村庄为圆心，由近及远向外发展，发展半径的大小，由所在村庄人口数量和生活水平高低决定，与地表生态破坏严重程度关系密切，人口越多、生活水平越高，辐射半径就越大，地表生态破坏就越重。其他药材、野菜、用材的樵采目的是为了增加收入，樵采强度由村民的收入来源性质决定。通常，村民收入来源渠道较少，凡是收入来源靠纯粹单一的农业或牧业收入地区，樵采强度就大。如果除农业收入外还有其他收入来源，樵采强度往往较弱。如发生在青藏高原上的虫草采挖、内蒙古草原上发菜采挖和大多数农村的木材利用等多发生在收入来源单一性地区。调查发现，目前农村薪柴作能源利用的仍占农村能源结构的 68%～74%。樵采利用过度，导致植被恢复困难，生态功能丧失，引起严重的水土流失和土地荒漠化。

3. 过度放牧

过度放牧的根本原因是草原牧民扩大牲畜养殖规模以增加收入的动机所致。草原的载畜量是有限的，而不是无止境的。在草原面积一定的条件下，畜群不能无限制地扩大，只要牲畜量超过草原的载畜量，必然导致草原植被的严重破坏。再加上草原风多雨少，气候干燥，植被一旦被破坏，恢复再生十分缓慢。牧民增加载畜量的动机主要是为了增加收入，与牧民收入来源单一性或唯一性密切相关，如果有其他收入来源，视草原如生命的牧民，是不会不顾草原的承载能力而盲目扩大牲畜规模的。这样看来牧民的“过牧”行为是无奈的选择，解决过牧问题，需要帮助牧民开辟增收渠道。

农村生态破坏不仅与资源稀缺性密切相关，同时与收入来源的单一性和贫困相关，农业是半生态产业，产出的增加受自然规律制约，农民单纯依靠农业增加收入是很困难的，所以才把增加收入的希望寄托在农业以外的地方，放牧、养殖、樵采或打工。子女要上学，病了要吃药；上要养老，下要养小。面对狭小贫瘠的生存环境，可选择的余地实在是太小了。在多数情况下，破坏生态是贫困生活所迫，是无可奈何的选择。凡是贫困的地方，往往生态破坏也比较严重，贫困与生态破坏多呈恶性循环状态，这种恶性循环的魔咒，若没有外来能量的输入，单靠区域自身的力量在短时间内很难被打破。各级政府在制定农村发展与生态保护政策时，必须立足于脱贫—致富—奔小康的发展顺序和目标，深入分析生态破坏的形成机理。

二、生物多样性丧失

1．我国生物多样性的特点

生物多样性是指一定范围内多种多样活的有机体（动物、植物、微生物）与环境有规律地结合所形成的稳定生态复合体以及与此相关的各种生态过程的总和。这种多样性由动物、植物、微生物的物种多样性，物种的遗传与变异多样性，生态系统的多样性和自然景观多样性四个层次组成。

我国是世界生物多样性特别丰富的国家之一，有高等植物 30 000 余种，脊椎动物 6 347 种，分别占世界总种数的 10%和 14%。我国生物多样性的特点表现在：

（1）物种丰富。有高等植物 3 万余种，其中裸子植物有 10 科，约 250 种，是世界裸子植物最多的国家。有脊椎动物 6 347 种，占世界种数的 14%。

（2）特有属、种繁多。有 17 300 种特有种高等植物，占我国高等植物总数的 57%以上。有 667 种特有脊椎动物，占脊椎动物总数的 10.5%。581 种哺乳动物中，特有种约 110 种，约占 19%。尤其为人们所注意的是有活化石之称的大熊猫、白鳖豚、水杉、银杏、银杉和攀枝花苏铁等。

（3）区系起源古老。有许多白垩纪、第三纪的古残遗种，世界现存 7 个松杉类科中，我国有 6 个科。大熊猫、白鳖豚、扬子鳄等动物都是古老孑遗物种。

（4）栽培家养物种及野生亲缘种质资源丰富。我国是水稻、大豆的原产地，品种分别有 50 000 个和 20 000 个。有药用植物 11 000 多种，牧草 4 215 种，原产重要观赏花卉超过 30 属 2 238 种。有 1 938 个家养动物品种和类群。

（5）生态系统丰富多彩。有森林、灌丛、草原和稀树、草原、草甸、高山冻原等各种陆生生态系统，因气候、土壤差异又分为 599 种亚类型。海洋生态系统、淡水生态系统类型齐全（徐云，2004）。

目前仍有许多动物、植物和微生物物种的潜在价值还未被人类所认识，是人类潜在的物质资源。生物多样性为人类的现在和将来提供着丰富的食物资源、医药资源、建材及各种工业材料资源。生物多样性是地球生命赖以生存的物质基础，不仅有巨大的经济和生态价值，而且还有巨大的艺术、美学、文化、科学和旅游价值。

2．生物多样性危机

森林、湿地面积锐减和草原退化都将给生态环境带来严重后果，由于栖息地的改变和丧失意味着生态系统多样性、物种多样性和遗传多样性的同时丧失。我国广阔的农村自然生态系统中生活着上百万种已知和未知的动物、植物和微生物物种，这些物种受气候、降水等条件影响，地域性特色明显，热带地区的物种在寒带地区难以存活；而在寒带生活的物种到热带地区同样难以生存。人类活动造成的生物多样性丧失，主要表现在两个方面：一是物种栖息地的生态环境遭到人类活动的干扰，受到不同程度的污染和破坏，使许多物种失去了赖以生存的环境，而逐步走向灭绝。二是人类采猎的强度超出了野生动、植物自然繁殖补充的能力，使许多稀有植物和大型动物濒临灭绝。20 世纪以来，人类开发利用自然生态环境的规模和强度不断增加，人为物种灭绝的速率和濒临灭绝的物种数量快速上升（杨志峰，等，2005）。

（1）生态系统危机现状。经过数十年来的植树造林，林木覆盖率有所上升，但天然林面积大幅度减少，生态效益下降，我国天然林面积从 1975 年的 9 817 万公顷减少到 1985 年的 8 635 万公顷。有 1/3 的草原处于退化之中，有许多草原已经沙化。海岸湿地有 700 多万公顷被开垦，红树林面积已由 20 世纪 50 年代的 5 万公顷减少到目前的 2 万公顷，海南岛 80%的珊瑚礁已被破坏。淡水生态系统破坏严重，长江流域围垦水面达 1 700 万亩，湖北省的淡水湖泊从 1 000 多个减少到 326 个，湖面由 1 250 万亩减少到 355 万亩，淡水生态系统的破坏使洪水调节能力下降，洪水危害加重。

（2）物种及遗传多样性危机。根据最新出版的《中国物种红皮书》，中国符合世界自然保护联盟确定的濒危等级物种比例分别为：无脊椎动物 34.74%，脊椎动物 35.92%，裸子植物 69.91%，被子植物 86.63%，大大超过了早期估计的 2%～30%的比例。据估计，目前我国野生生物物种正以每天一个种的速度走向濒危甚至灭绝，农作物栽培品种数量正以每年 15%的速度递减，还有大量生物物种通过各种途径流失海外，造成物种资源损失。我国原有的犀牛、麋鹿、高鼻羚羊、白臀叶猴、崖柏、雁荡润楠、喜雨草等已灭绝。目前濒危的物种有朱鹮、东北虎、华南虎、云豹、大熊猫、叶猴类、多种长臂猴、儒艮、坡鹿、白鳖豚、无喙兰、双蕊兰、海南苏铁、印度三尖松、姜状三七、人参、天麻、草丛蓉、肉苁蓉、罂粟、牡丹等。过去较多的物种在大量减少（孔繁德，2002）。

生态环境的破坏、掠夺式的开采利用、环境污染和外来生物入侵是我国生物多样性危机的原因。据政府间气候变化委员会（IPCC）估测，如果气温上升 1.5～2.5℃，20%～30%的物种将面临灭绝的命运。全球平均气温已上升约 0.6℃。而根据中国《气候变化国家评估报告》，中国的地面平均气温在过去的 50 年间上升了 1.1℃，平均每 10 年上升 0.22℃，远远高于全球气温上升速度。

三、水土流失

在农村自然环境中，失去植被保护的土壤会在风力和水力侵蚀作用下发生位移流失，被风蚀的土壤块状颗粒随风而去，大风过后被风力侵蚀松动了的土壤、沙粒会从高处向低处滚落；随风而去的土壤微粒进入大气环境，被转移到很远的地方。现在不时出没的沙尘暴，对大家来说并不陌生，但对风蚀土壤所造成的严重破坏力，不是身临其境很难有清醒的认识。被水力侵蚀的土壤，多出现在暴雨天气条件下，以洪水和泥石流的形式顺水而下，黄河水中的高含沙量，是黄土高原植被破坏造成的水土流失现象。近几年来，长江、珠江水中的含沙量是这两个流域上游植被破坏所致。暴雨造成的山体滑坡、泥石流往往给当地群众生命财产造成严重危害，从表面原因看是暴雨所致，但从深层原因看，植被破坏和人为因素所致的山体松动也是重要原因之一。

风力、水力都是自然力，但纯粹自然因素引起的地表侵蚀过程，速度非常缓慢，与土壤形成过程处于相对平衡状态。当人类活动对自然植被造成严重破坏后，无形中加剧了自然力的破坏作用，加剧了地表土壤破碎松动速度和水土流失。目前，我国西南地区的石漠化、西北地区的沙漠化，都与人类的垦殖、砍伐、樵采、开发、放牧等过度利用活动有关。在山坡上开垦农田、过度樵采、采挖、放牧等活动，是水土流失和石漠化的形成原因。在干旱半干旱草原地区开垦农田和乱采滥挖、过度放牧等活动是沙漠化、沙尘暴的形成原因。过度放牧和乱挖滥采及骑猎活动是草地退化、沙化的形成原因。

严重的水土流失造成耕地面积大大减少，给农业生产和交通运输均造成很大困难，同时，水土流失形成的泥沙淤积河床，造成河流航道堵塞，湖泊、水库寿命缩短。1954 年以来，长江中下游天然水域面积已减少 13 000 平方公里，如洞庭湖、鄱阳湖等大型湖泊面积日益缩小，蓄洪排涝功能减弱。20 世纪 50 年代建成的许多中、小型水库，已淤满报废，加剧了水旱灾害的发生。

我国 1998 年长江、松花江、嫩江流域和 2009 年我国台湾南部的泥石流洪水灾害，与植被破坏密切相关。灾区群众家园被毁，田地被淹，流离失所，损失巨大。

四、土地的荒漠化、盐渍化

在干旱、半干旱地区，由于气候变化和人类活动等各种因素所造成的土地沙化、草地退化、土地生产能力下降等生态平衡破坏现象。据联合国环境规划署资料，目前，世界上平均每分钟即有 10 平方公里的土地变成沙漠，每年因土地沙漠化要损失 600 万公顷的农田和牧场，有 90 多个国家和 1/5 的人口不同程度地受到沙漠化的危害。全世界每年因沙漠化带来的直接经济损失约 260 亿美元。沙漠化以沙漠前缘推进的形式吞噬和分割成片的草原、农田和村庄。

1993 年 5 月，我国西北地区 110 万平方公里的广大地区刮起高数百米、宽几十公里的土黄色尘墙，自西向东移动。所到之处漆黑一片，行人绝迹。这场黑风暴，使兰新铁路有 7 处被尘土掩埋，上万旅馆被困。风暴使西北和华北地区近 200 人死亡，受灾耕地 37 万公顷，直接经济损失达 10 亿元。

近 50 年来，塔克拉玛干沙漠平均每年以 1～100 米的速度向绿洲推进，使绿洲面积减少 1 400 多平方公里。中国科学院兰州沙漠所的研究表明，我国北方地区沙漠、戈壁、沙漠化土地面积共有 149 万平方公里，占国土面积的 15.5%，其中沙漠化土地面积有 176 万平方公里，潜在沙漠化土地面积 158 万平方公里。目前约有 5 900 万亩农田，7 400 万亩草场和 2 000 多公里铁路受到沙漠化的威胁（图 6-1）。

图 6-1　快速沙漠化的内蒙古希拉穆仁草原

（冯磊，2006）

我国西北干旱、半干旱地区因土地利用不当造成严重的土地盐渍化问题。一般情况下，人们习惯性地将土地表层含有 0.6%～2%以上的易溶盐的土壤称为盐渍土。盐渍化严重的土壤，一般植物很难成活，“不毛之地”由此而生。农田灌溉对盐渍土的形成有很大的影响，在干旱和半干旱地区，正确的灌溉可以达到改良盐土的目的；相反，灌溉不当可导致地下水水位上升，引起土壤盐渍化。为了与原生盐渍化现象相区别，人们习惯性地将人类农业活动而引发的盐渍化称为次生盐渍化，由此生成的盐渍土称为次生盐渍土。目前，受次生盐渍化影响的国家大约有 30 多个。有 9.5 亿公顷土地受到土壤盐分日益增长的不利影响。有约占灌溉总面积 24%的近 6 亿公顷耕地，因灌溉不当而产生盐渍化。我国不当灌溉引起大面积的次生盐渍化问题。

人类对自然生态资源的过度利用，严重破坏了森林、草地生态系统的再生能力，致使生物多样性减少，原始森林面积减少、草地退化、物种灭绝、水土流失、土地沙化、盐渍化现象加剧。植被生态环境的破坏对大气循环、气温、降水影响明显。近几年来，温室效应、“阳伞效应”频繁发作，不仅严重影响工农业生产和日常生活，还对人体健康造成一定的威胁。所以，保护自然等于保护人类自己。农村的持续发展，没有良好的生态环境支撑是难以实现的。

第二节 农村生态建设

生态建设是农村环境保护工作的一项重要内容。从农村生态系统构成情况看，农村自然生态系统、农业半人工自然生态系统和村落人工生态系统，均是受自然规律支配大于人工干预的生态系统，在人为的过度放牧、过度开采、过度樵采等活动影响下，农村环境问题突出表现在生态破坏方面，所以说农村环境保护在很大程度上是生态保护，而生态保护的最有效手段则是生态建设。

所谓农村生态建设主要是对受工、农业生产活动影响的生态系统，按照统一规划或计划进行的生态修复和重建，是人们根据生态学原理，充分利用现代科学技术手段和生态系统的自然规律，主动参与到生态演化进程中来，影响和促进生态演化进程，使人与自然相结合，实现环境、经济和社会相统一的高效和谐状态。在农村工、农业生产实践中，人类一切有利于防治生态破坏、保护生物多样性、维护生态平衡、促进生态良性循环的人为活动统称为生态建设。

我国目前在农村环境保护实践中广泛开展的生态建设活动主要有自然保护区建设、退耕还林还草工程、生态示范区建设、生态省（市、自治区）、市（州、盟）、县（市、旗、区）、全国环境优美乡镇、生态村等创建活动。

一、自然保护区建设

设立自然保护区是人类保护生态环境的一项重要措施。通过设立自然保护区能够完整地保存自然环境的本来面目，为人类观察研究自然界的发展规律，以及为环境监测评价提供客观依据。

1. 自然保护区的概念和作用

自然保护区是人们致力于生物多样性及其他有关自然和文化资源的保护，通过法律和其他有效手段进行管理的一定范围的陆地和海域（图 6-2）。自然保护区是物种的天然资源库，能够保护、恢复、发展、引种、繁殖生物资源。自然保护区又是天然资源库，能够保存生物物种的多样性，尤其是保护珍贵和濒危动、植物等生物种。自然保护区对于保护各种典型的生态系统，维持生物圈的生态平衡，保持水土，涵养水源，调节气候，保护珍贵的地质面貌，促进农业生产、科学研究、文化教育、卫生和旅游事业的发展和改善人类生态环境，都有重要作用。

图 6-2　位于河南省新县境内的连康山自然保护区

2. 自然保护区的分类

为了便于区别自然保护区的性质、保护对象、归属和级别，可以对自然保护区进行分类。按保护目的和对象，可将自然保护区分为 5 种类型：

（1）以保护有代表性的、典型的自然生态系统为主的自然保护区。这种自然保护区面积较大，保护目的和对象是自然地带内的多种多样的自然生态系统。如吉林省长白山温带森林生态系统自然保护区，福建省武夷山亚热带森林生态系统自然保护区，云南省西双版纳热带森林生态系统自然保护区等。

（2）以保护某些特有生态系统和珍贵动、植物资源为主的自然保护区。这类保护区面积不一定很大，以某类生态系统及一些珍贵动植物种类为对象的自然生态系统。如广西壮族自治区花坪的银杉自然保护区，湖南省莽山常绿阔叶林自然保护区，黑龙江省伊春红松母树林自然保护区，四川省王朗、卧龙、陕西省佛坪和甘肃省白水江等地的大熊猫等珍贵动物自然保护区，吉林省向海丹顶鹤自然保护区，四川省铁布梅花鹿自然保护区，黑龙江省扎龙丹顶鹤水禽自然保护区，福建莘口格氏栲、米储林珍贵树种自然保护区等。

（3）以保护特殊的自然风景为主的自然保护区和国家公园。这类保护区多数是与名胜古迹结合在一起，有小片天然森林和零散古树，自然风景奇特优美，不仅具有观赏价值，而且具有科学研究与教学价值。如四川省九寨沟自然保护区，重庆缙云山自然保护区，广东省鼎湖山自然保护区，江西省庐山自然保护区，我国台湾省的玉山国家公园等。

（4）以保护特有的地质剖面和自然历史遗迹为主的自然保护区。这类保护区包括一些特殊的地质剖面、冰川遗迹、化石产地、瀑布、温泉等。如黑龙江省五大连池以保护近期火山遗迹和自然景观为主的自然保护区，天津蓟县地质面貌自然保护区，山东省临朐山旺万卷生物化石保护区，甘肃省玛雅雪山古冰川遗迹和恐龙古化石产地等。

（5）以保护沿海自然环境及自然资源为主的自然保护区。如我国台湾省的淡水河口保护区，兰阳、苏花海岸等沿海保护区，海南省东寨港保护区、清澜港保护区，广西壮族自治区的山口国家红树林自然保护区等。

按照世界自然保护同盟世界保护区委员会公布的自然保护区管理类型分为：保护自然过程的自然保护区；保护物种及其遗传多样

性的自然保护区；保护环境效益的自然保护区；保护自然和文化景观的自然保护区；保护科学研究、旅游和娱乐、教育基地的自然保护区；保护自然生态系统资源持续利用的自然保护区；保护文化和传统特征的保护区等。

3. 自然保护区管理方式

我国人口众多，人均自然植被占有量少，保护区不宜采取原封不动、任其自然发展的管理方式，适宜采取保护、科研教育、生产相结合的管理方式，并在不影响保护区的自然环境和保护对象的前提下，还可以与生产、旅游、教学、科研结合起来，统一经营管理，把自然保护区建设成为以自然资源保护为主的科学实验、生产示范和旅游的基地。

在我国自然保护区建设实践中，为了达到保护主要生态资源，而又照顾保护区内村民的生产、生活需要，将保护区划分为核心区（绝对保护区）、缓冲区（相对保护区）、外围区（一般保护区）。

核心区是自然原生态保护较好的自然景观地区，是未经或很少经人为干扰过的自然生态系统，或者是虽然遭受过破坏，但有希望逐步恢复成自然生态系统的地区，是以保护种源为主，取得自然本地信息，为保护和监测环境提供评价，开展原生态研究的基地，必须严加保护，确保其不受人类活动的干扰和破坏。

缓冲区是指环绕在核心区周围的地区，多由演替植被组成，可根据实际需要在不破坏原有生态群落环境的前提下，允许有计划地开发利用或者改造试验，如饲养、繁殖和发展本地特有生物，是对保护区内各生态系统物质循环和能量流动等进行研究的地区。也是保护区的主要设施基地和教育基地，属半开发地区。

外围区，也称实验区，位于缓冲区周围，允许有一定范围的生产活动，可以有居民点和旅游设施，是一个多用途的地区。可根据所在地的特点和村民生产、生活需要，利用本地资源，生产自己的特有产品，为当地自然景观的植被恢复和建立新的人工生态系统进行示范推广。

4. 自然保护区建设进展

世界上为了保护珍贵的动、植物及其栖息地而采取划出一定的范围建立自然保护区已有上百年的历史。19 世纪初，德国博物学家 A.Von 洪堡[①]首倡建立天然纪念物以保护自然生态。1872 年，经美国政府批准建立的第一个国家公园——黄石公园[②]被公认为世界上最早的自然保护区，开创了保护自然的新途径。

进入 20 世纪以来，特别是第二次世界大战后，自然保护区事业发展很快，德国和日本还划定具有自然保护性质的景观保护区和天然公园。成立了许多国际机构，从事自然保护区的宣传、协调和科研等工作，如“国际自然及自然资源保护联盟”、联合国教科文组织的“人与生物圈计划[③]”等。目前，国际上自然保护区的数量和面积不断增加，并成为一个国家文明与进步的象征之一，常以自然保护区的总面积占国土面积的百分比衡量一个国家自然和自然资源保护事业的发展水平。

我国古代就有朴素的自然保护思想，《逸周书·大聚篇》中就有：“春三月，山林不登斧，以成草木之长。夏三月，川泽不入网罟，以成鱼鳖之长”的记载。古代统治者曾采取过圈禁山林的措施，民间也常有以乡规民约加以管理的不准樵采和放牧的地域。这些被圈封的禁地便是我国早期的自然保护区。

---

① 德国自然科学家，近代地理学创建人之一。1769 年 9 月 14 日生于柏林，1859 年 5 月 6 日卒于同地。出身贵族家庭。1789 年入格丁根大学，1790—1792 年在弗雷堡矿业学院学习地质学，并旅行西欧各地。后到普鲁士矿产部供职，从事植物学、地质学、气象学研究。1793 年任矿产部高级矿务师。

② 黄石国家公园（Yellowstone National Park）简称黄石公园。是世界第一座国家公园，成立于 1872 年。黄石公园位于美国中西部怀俄明州的西北角，并向西北方向延伸到爱达荷州和蒙大拿州，面积达 7 988 平方公里。这片地区原本是印地安人的圣地，但因美国探险家路易斯与克拉克的发掘，而成为世界上最早的国家公园。它在 1978 年被列为世界自然遗产。

③ 人与生物圈计划：简称 MAB，是联合国教科文组织科学部门于 1971 年发起的一项政府间跨学科的大型综合性的研究计划。生物圈保护区是 MAB 的核心部分，具有保护、可持续发展、提供科研教学、培训、监测基地等多种功能。

新中国成立以来，尤其是在20世纪80年代以来，在国际环保风潮影响下，自然保护区建设得到快速发展，到2008年5月，我国建立各级自然保护区2 531个，总面积15 188万公顷，约占国土面积的15%，其中国家自然保护区303个，面积9 365.6万公顷。有28个自然保护区被列入联合国教科文组织“人与生物圈计划”生物圈保护区网络。27个自然保护区被列入《国际重要湿地名录》，10多个自然保护区被联合国教科文组织列为世界自然遗产或自然与文化遗产（中国大百科全书，2009）。

二、退耕还林（草）工程

退耕还林（草）工程是我国历史上政策性最强、投资最大、涉及面最广、群众参与程度最高的一项生态建设工程，也是一项持续时间长，涉及1 800多个县，3 000多万农户，1.2亿农村人口的浩大的农村环境保护工程。所谓退耕还林（草）是将开垦的耕地恢复为森林、草地等植被的措施。

1．退耕还林（草）工程

我国的退耕还林工程是国家为控制长江、黄河流域上游地区毁林毁草和开垦坡地所造成的严重水土流失，改善生态与环境，在1999年开始的退耕还林（草）试点的基础上，从2004年开始在全国25个省（市、自治区）的1 800多个县全面启动的退耕还林还草生态建设措施。

2．退耕还林还草工程范围和任务

根据《国务院关于进一步做好退耕还林还草试点工作的若干意见》（国发[2000]24 号）、《国务院关于进一步完善退耕还林政策措施的若干意见》（国发[2002]10 号）和《退耕还林条例》的规定，国家林业局在调查研究和广泛征求意见的基础上，按照国务院西部地区开发领导小组第二次全体会议确定的2001—2010年退耕还林

1 467 万公顷的规模，会同国家发展改革委、财政部、国务院西部开发办、国家粮食局等部门编制了《退耕还林工程规划（2001—2010 年）》。

（1）退耕还林（草）工程范围：退耕还林（草）工程涉及水土流失严重地区，沙化、盐碱化、沙漠化严重地区，生态地位重要粮食产量低且不稳定地区的北京、天津、河北、山西、内蒙古、辽宁、吉林、黑龙江、安徽、江西、河南、湖北、湖南、广西、海南、重庆、四川、贵州、云南、西藏、陕西、甘肃、青海、宁夏、新疆等 25 个省（区、市）和新疆生产建设兵团，共 1 897 个县（市、区、旗）。

在工程实施过程中，根据因害设防的原则，按水土流失和风蚀沙化危害程度、水热条件和地形地貌特征，将工程区划分为 10 个类型区，即西南高山峡谷区、川渝鄂湘山地丘陵区、长江中下游低山丘陵区、云贵高原区、琼桂丘陵山地区、长江黄河源头高寒草原草甸区、新疆干旱荒漠区、黄土丘陵沟壑区、华北干旱半干旱区、东北山地及沙地区。同时，根据突出重点、先急后缓、注重实效的原则，将长江上游地区、黄河上中游地区、京津风沙源区以及重要湖库集水区、红水河流域、黑河流域、塔里木河流域等地区的 856 个县作为工程建设重点县。

（2）退耕还林（草）工程建设的目标和任务：到 2010 年，完成退耕地造林 1 467 万公顷，宜林荒山荒地造林 1 733 万公顷（两类造林均含 1999—2000 年退耕还林试点任务），陡坡耕地基本退耕还林，严重沙化耕地基本得到治理，工程区林草覆盖率增加 4.5 个百分点，工程治理地区的生态状况得到较大改善。

3. 退耕还林工程主要政策措施

国务院有关退耕还林文件给出的退耕还林政策主要有以下几点：

（1）国家无偿向退耕农户提供粮食、生活费补助。粮食和生活费补助标准为：长江流域及南方地区每公顷退耕地每年补助粮食（原粮）2 250 公斤；黄河流域及北方地区每公顷退耕地每年补助粮食（原粮）1 500 公斤。从 2004 年起，原则上将向退耕户补助的粮食改为现金补助。中央按每公斤粮食（原粮）1.40 元计算，包干给各省（区、市）。具体补助标准和兑现办法，由省政府根据当地实际情况确定。每公顷退耕地每年补助生活费 300 元。粮食和生活费补助年限，1999—2001 年还草补助按 5 年计算，2002 年以后还草补助按 2 年计算；还经济林补助按 5 年计算；还生态林补助暂按 8 年计算。尚未承包到户和休耕的坡耕地退耕还林的，只享受种苗造林费补助。退耕还林者在享受资金和粮食补助期间，应当按照作业设计和合同的要求在宜林荒山荒地造林。

（2）国家向退耕农户提供种苗造林补助费。种苗造林补助费标准按退耕地和宜林荒山荒地造林每公顷 750 元计算。

（3）退耕还林必须坚持生态优先。退耕地还林营造的生态林面积以县为单位核算，不得低于退耕地还林面积的 80%。对超过规定比例多种的经济林只给种苗造林补助费，不补助粮食和生活费。

（4）国家保护退耕还林者享有退耕地上的林木（草）所有权。退耕还林后，由县级以上人民政府依照《森林法》、《草原法》的有关规定发放林（草）权属证书，确认所有权和使用权，并依法办理土地用途变更手续。

（5）退耕地还林后的承包经营权期限可以延长到 70 年。承包经营权到期后，土地承包经营权人可以依照有关法律、法规的规定继续承包。退耕还林地和荒山荒地造林后的承包经营权可以依法继承、转让。

（6）资金和粮食补助期满后，在不破坏整体生态功能的前提下，经有关主管部门批准，退耕还林者可以依法对其所有的林木进行采伐。

（7）退耕还林所需前期工作和科技支撑等费用，国家按照退耕还林基本建设投资的一定比例给予补助，由国务院发展改革委根据工程进展情况在年度计划中安排。退耕还林地方所需检查验收、兑付等费用，由地方财政承担。中央有关部门所需核查等费用，由中央财政承担。

（8）国家对退耕还林实行省、自治区、直辖市人民政府负责制。省、自治区、直辖市人民政府应当组织有关部门采取措施，保证按期完成国家下达的退耕还林任务，并逐级落实目标责任，签订责任书，实现退耕还林目标。

2007 年，国务院下发《关于完善退耕还林政策的通知》（国发[2007]25 号），决定完善退耕还林政策，继续对退耕农户给予适当补助，以巩固退耕还林成果、解决退耕农户生活困难和长远生计问题。一是继续对退耕农户直接补助。现行退耕还林粮食和生活费补助期满后，中央财政安排资金，继续对退耕农户给予适当的现金补助，解决退耕农户当前生活困难。补助标准为：长江流域及南方地区每亩退耕地每年补助现金 105 元；黄河流域及北方地区每亩退耕地每年补助现金 70 元。原每亩退耕地每年 20 元生活补助费，继续直接补助给退耕农户，并与管护任务挂钩。补助期为：还生态林补助 8 年，还经济林补助 5 年，还草补助 2 年。根据验收结果，兑现补助资金。各地可结合本地实际，在国家规定的补助标准基础上，再适当提高补助标准。凡 2006 年年底前退耕还林粮食和生活费补助政策已经期满的，要从 2007 年起发放补助；2007 年以后到期的，从次年起发放补助。二是建立巩固退耕还林成果专项资金。为集中力量解决影响退耕农户长远生计的突出问题，中央财政安排一定规模资金，作为巩固退耕还林成果专项资金，主要用于西部地区、京津风沙源治理区和享受西部地区政策的中部地区退耕农户的基本口粮田建设、农村能源建设、生态移民以及补植补造，并向特殊困难地区倾斜。

中央财政按照退耕地还林面积核定各省（区、市）巩固退耕还林成果专项资金总量，并从 2008 年起按 8 年集中安排，逐年下达，包干到省。专项资金要实行专户管理，专款专用，并与原有国家各项扶持资金统筹使用。具体使用和管理办法由财政部会同国家发展改革委、西部开发办、农业部、林业局等部门制定，报国务院批准。

4. 工程进展及建设成效

（1）退耕还林（草）工程进展情况，为从根本上改善我国生态急剧恶化的状况，1998 年特大洪灾之后，党中央、国务院将“封山植树，退耕还林”作为灾后重建、整治江湖的重要措施。退耕还林自 1999 年以来，经历了试点、大规模推进、结构性调整三个阶段，共涉及 25 个省（区、市）和新疆兵团的 1 800 多个县、3 000 多万农户、1.2 亿农民。

1999—2005 年，全国累计安排退耕还林任务 3.44 亿亩，使我国造林面积由以前的每年 6 000 万～7 000 万亩增加到连续四年超过 1 亿亩，退耕还林占到全国造林总面积的 60%以上，西部许多地方占到 90%以上；中央共投入 1 030 亿元，对已完成的任务还将陆续投入钱粮补助 1 100 多亿元。

2007 年《国务院关于完善退耕还林政策的通知》（国发[2007]25 号）对退耕还林规划进行了调整，为确保“十一五”期间耕地不少于 18 亿亩，原定“十一五”期间退耕还林 2 000 万亩的规模，除 2006 年已安排 400 万亩外，其余暂不安排。国务院有关部门要进一步摸清 25°以上坡耕地的实际情况，在深入调查研究、认真总结经验的基础上，实事求是地制定退耕还林工程建设规划。

（2）退耕还林工程建设成效。退耕还林工程的实施：一是大大加快了水土流失和土地沙化治理步伐。据水利部门和各地监测，全国水土流失面积减少 11 万平方公里，长江、黄河输沙量减少 50%以上，贵州治理区土壤侵蚀面积由退耕前的 3 325 吨/平方公里减少到 2003 年的 739 吨/平方公里，下降 78%。二是大大加快了农业产业结构调整步伐，保障和提高了农业综合生产能力，促进了农村剩余劳动力转移，国家统计局调查表明，西部退耕农户收入增速高于非退耕农户。三是促进了基层干部和群众生态意识的提高和思想观念的转变（国家林业局，2006）。

三、生态示范区建设

生态示范区建设是在国际环保潮流的影响下，借鉴国际上生态示范区建设和国内生态林建设的成功经验，本着改善和提高环境质量，促进资源优势与经济优势互补，推动产业结构调整和优化产业结构，提高人民生活水平，建立符合可持续发展要求的生态经济体系的目的，由我国各级环境保护行政管理部门组织实施的又一种生态建设模式，是在农村落实环境保护国策，在县（市、旗、区）域经济社会体探索贯彻落实可持续发展战略途径的积极尝试。

1. 生态示范区建设进展

生态示范区是以生态学和生态经济学原理为指导，以协调经济社会发展和环境保护为主要对象，统一规划，综合建设，生态良性循环，经济社会全面、健康、可持续发展的一定的行政区域。生态示范区是一个既相对独立，又对外开放的社会、经济、自然复合生态系统（海热提，等，2004）。生态示范区建设可以乡、县和市域为基本单位组织实施，目前重点放在以县域为单位的组织实施上。

20 世纪 90 年代初期，我国根据生态环境不断恶化的现状，在借鉴国外生态建设的成功经验，总结我国生态林建设经验教训的基础上，在国民经济和社会发展“九五”计划中安排了建立 50 个地区经济发展与生态环境建设相互促进，体现可持续发展理念的县级生态示范区，并在全国范围内逐步推广。

原国家环保总局决定在全国开展以县域为单位的生态示范区建设试点工作，按照社会进步、经济发展、环境优美的要求和人口增长率达到国家计划生育指标、农民人均收入有大幅提高、森林绿地面积和水环境状况达到国家有关法律、法规所规定的 20 项具体考核指标，首批确立 33 个（县、市、区）国家级生态示范区。截至 2006 年年底，我国已有 528 个国家级试点和命名的生态示范区，其中有 233 个被国家环保总局命名为国家级生态示范区。目前，我国生态示范区初步形成了政府负总责，综合部门提供支持，环保部门统一监督，有关部门分工实施的生态环境保护体系，建立和完善了有利于环境保护的综合决策机制。

2. 生态示范区建设的基本模式

从我国目前生态示范区建设试点实践看，因各试点地区的地理、气候等条件不同，区内生态建设内容和侧重点也各不相同，大致有生物多样性保护、生态农业开发、农田污染防治、乡镇企业污染防治、养殖业污染防治、海洋生态环境保护、生态恢复和自然资源的合理利用等，因各试点区的建设内容不尽一致，故形成不同的建设模式，主要有自然生态型、生态农业型、农工商结合型、生态旅游型、生态工业型、生态城镇型、生态破坏恢复型等。

（1）自然生态型，我国有 2/3 以上的国土面积是高原、山地和丘陵，有许多县级行政区域全部在山区，以山地为主的生态示范区建设，一般情况下，多是以自然保护区为依托，与退耕还林工程相结合，以经营生态林为主的自然生态型示范区，这类示范区在我国已被命名的国家级示范区中占有很大比重。

（2）生态农业型，目前，我国是一个以传统农业生产粗放经营方式为主的农业大国，农村人口占全国总人口的 2/3 以上，人多地少，人均耕地面积多在 1 亩左右，农业生产仍是农民的主要生活来源之一。所以生态农业是我国生态示范区建设的一个重要类型，其中包括生态种植、生态林果、生态畜禽养殖和生态水产养殖等生态经营模式。

（3）农工商结合型，我国农林牧经济发展在城市化、工业化和国际化的强劲推动下快速向农工商、林工商、牧工商相结合的产业化、集约化方向过渡，随着环境意识的不断提高和国内外市场对生态产品的旺盛需求，一些具有地理和区位优势的地区，产业结构积极向生态产业转变，生态型农工商、林工商、牧工商相结合的集约化经营模式成为这类示范区的主导产业，不仅有效增加了农民收入，而且还将特色产品推向了国际市场，实现了经济、社会发展与生态环境建设的有机统一。

（4）生态旅游型，一些以自然保护区、国家森林公园、湿地公园、地质公园为依托的示范区，同时也是自然旅游资源丰富的地区。随着城乡居民生活水平的不断提高，以自然游、名胜游、体验游、采摘游、休闲游、度假游、观赏游、探险游等形式的旅游市场空前繁荣，许多有独特自然名胜的示范区，把生态建设与旅游业相结合，发展以旅游为导向的生态产业，实现了生态与旅游的良性循环发展。

（5）生态工业型，在一些乡镇工业发达的地区，传统的“三高一低”工业所造成的严重污染，唤醒了人们的环境意识，这些具有一定工业基础的示范区纷纷更新设备，淘汰落后工艺，调整产业结构，逐步转向生态工业型经营模式，这类向生态工业成功转型的示范区，经济实力雄厚，生态建设推进力度较大，生态文明建设成效显著。

（6）生态城镇型，一些经济发达的县（区、市），生态工业、生态农业以及生态第三产业均较发达，在集约性规模经济带动下，城镇规模不断扩大，农村人口逐步向县城、工业小区和商业发达的集镇集中，由于有生态产业基础，这类城镇从建设之初就进行了生态建设规划，基本是以县城为中心，以中心镇或工业小区为依托的放射型城镇化格局，这种以生态城镇建设为导向的示范区是我国城镇生态化的发展方向。

（7）生态破坏恢复型，在一些矿产资源丰富的地区，在过去传统采矿方式影响下，生态破坏严重，许多矿区植被破坏、岩体裸露、矿渣堆积如山，水土流失严重。这类地区的生态示范建设，主要以恢复植被为主，多数需要国家的财力支持，一边恢复生态植被，一边发展经济，生态建设与经济发展相互促进。

3．生态示范区建设规划与申报

生态示范区建设是我国农村地区保护和建设生态环境，改变传统发展模式，以较低的资源代价和环境代价换取较高的经济发展速度，进一步达到经济效益、社会效益和环境效益的统一，实现城镇、乡村社会经济持续发展的重要途径。在总结多年生态示范区建设成功经验的基础上，为了稳步推进全国生态示范区建设，国家环保局于 1995 年制定了《全国生态示范区建设规划纲要》。

（1）生态示范区建设的指导思想和战略目标。①指导思想：根据国民经济和社会发展的总目标，以保护和改善生态环境、实现资源的合理开发和永续利用为重点，通过统一规划，有组织、有步骤地开展生态示范区的建设，促进区域生态环境的改善，推动国民经济和社会持续、健康、快速的发展，逐步走上可持续发展的道路。②基本原则：环境效益、经济效益、社会效益相统一原则；因地制宜原则；资源永续利用原则；可更新资源和开发利用与保护增值并重原则；政府宏观指导与社会共同参与相结合原则；国家倡导、地方为主原则；统一规划、突出重点、分步实施原则等。③战略目标：通过生态示范区建设，树立一批区域生态建设与社会经济发展相协调的典型，2000 年以后，通过在全国广大地区的推广普及，使生态环境质量和人民生活水平得到较大程度的改善，逐步实现资源的永续利用和社会经济的可持续发展。④分阶段目标：为使生态示范区建设规划与我国国民经济和社会发展规划、全国生态环境建设规划纲要相协调，生态示范区建设分为三个阶段进行：第一阶段：近期 1996—2000 年，试点建设阶段，在全国建立生态示范区 50 个；第二阶段：中期 2001—2010 年，重点推广阶段，在全国选取 300 个区域进行重点推广，建成各种类型，各具特色的生态示范区 350 个；第三阶段：远期 2011—2050 年，普遍推广阶段，在全国广大地区推广生态示范区建设，使示范区的总面积达到国土面积的 50% 左右。

（2）生态示范区建设指标。①生态示范区可根据全国不同地区经济发展与生态环境状况，按现状分为三类地区：第一类：经济落后、群众生活贫困（人均收入少于或等于 400 元）和生态环境质量较差的地区；第二类：中等经济水平（人均收入在400～1 000元）和生态环境质量一般的地区；第三类：经济发达（人均收入大于1 000 元）和生态环境质量较好的地区。各生态示范区也可根据本地经济发展和生态环境的实际情况交叉利用上述目标。②生态破坏恢复治理区：到 2000 年，生态破坏恢复治理示范区的恢复治理率达到40%～50%，每年自然环境新破坏面积小于恢复治理面积。

（3）生态示范区建设的任务分重点建设和分区建设两类任务。①重点建设任务：重点建设任务又分为区域生态建设和生态破坏恢复治理示范建设。区域生态建设主要包括两大类：一类是以单项建设为主的任务。在已有生态农业户、村、乡建设的基础上，扩大到整个县域的生态农业建设，进而发展到包括农、林、牧、副、渔在内的生态经济县的建设；为促进乡镇工业健康发展，防治乡镇工业环境污染而组织开展的乡镇规划和建设，乡镇工业小区建设和乡镇工业污染防治示范工程建设，通过集中发展，促进集中治理；以合理开发旅游资源，有效防止生态破坏和旅游污染为主要内容，通过风景旅游区的发展建设，促进当地生态建设和社会经济的发展，使该区域成为环境优美、舒适、安全的风景旅游区；为改善城镇生态环境和人民生活环境，组织开展城镇园林、绿化、草坪和自然、人文景观、生态景观的建设及污染防治，资源和能源的有效合理利用；农工贸一体化示范区建设。建立合理的产业结构，以农产品为主要原料，以工业深加工，形成物质循环利用系统，减少污染物排放，实现工农业生产的一体化，并由此带动区域工业、农业和城镇建设和生态良性循环发展。另一类是以综合建设为主的重点任务：开展城乡生态环境综合建设，按生态学原理和生态经济规律，把生态经济县建设、乡镇规划建设、生态旅游区建设、生态城市建设、自然保护区建设等各项任务有机结合起来，实现整个区域经济社会与环境保护的全面发展。生态破坏恢复治理示范建设任务包括矿区生态破坏恢复治理示范区建设；农村环境综合整治示范区建设；湿地资源合理开发利用与保护示范区建设；土地退化综合整治示范区建设。②分区建设任务：经济发达地区，采取高起点，以区域的综合建设为主，形成工业、农业生产和城镇发展建设的生态良性循环系统，建立与小康相适应的生态示范区，并借鉴发达国家的先进模式，建立具有我国特色的反映 21 世纪发展方向的生态示范区。经济欠发达地区，从生态建设促进经济发展出发，分阶段逐步开展建设。第一阶段重点开展单项建设，同时，结合有机食品的开发，开展有机食品基地的建设，加强生态农业实用技术的推广和适用模式的试验，并使各单项建设达到初级优化组合。第二阶段实现农、林、牧、渔等产品加工和城乡工业无污染和资源能源合理利用；生态示范区建设规划大部分得到实施，各产业生产基本达到优化组合。第三阶段生态示范区建设规划全部得到实施，社会经济发展与城乡建设整体达到生态的良性循环。资源富集和重点开采区，一是开展资源开发生态破坏恢复治理示范区的建设，推广生态破坏恢复治理实用技术，推动生态破坏恢复治理走产业化道路。二是通过试行生态环境补偿费制度，建立生态破坏恢复治理专项基金，在取得一定经验后，逐步把示范区建设成资源合理开发利用与区域经济持续发展的生态示范区。

（4）规划实施的保障措施。①加强领导。以政府主要负责人为主成立生态示范区建设领导小组，统一组织领导生态示范区建设；生态示范区建设规划由当地人大审议通过，列入地方政府的国民经济与社会发展规划；生态示范区建设的成效作为政府负责人政绩考核的重要指标。②多方筹措资金。本着自愿的原则，建设经费由地方按现有的资金渠道自筹；实行个人、集体、政府三结合政策，鼓励多方投资，引入市场机制，以效益吸引投资；国家、省建立生态示范区建设重点项目库，作为争取国内、国际资金的依据。③强化管理。国家制定《生态示范区建设管理办法》，定期组织监督、检查、经验交流，并进行阶段性评比、验收工作。同时，根据各试点的工作情况，必要时可对部分试点作增减处理；将示范区的建设规划目标和任务纳入城市和农村环境保护目标责任制和综合整治定量考核的指标体系，一同布置，一同检查验收；对阶段性建设成果显著的生态示范区可优先推荐给联合国环境规划署，参加“全球 500 佳”的评选或授予“全国生态示范区建设先进单位”称号。④能力建设。原国家环境保护局自然生态保护司负责全国生态示范区建设的日常管理工作，负责制定有关规章制度，组织检查验收和经验交流，指导生态示范区建设等工作；成立全国生态示范区建设技术指导委员会，负责指导生态示范区建设的技术业务工作；加强科学研究，为生态示范区建设提供技术保障；组织制定示范区建设规划编制导则的技术规范；组织示范区管理人员和技术人员的经验交流和技术培训。⑤开展国际交流。吸收、引进国外生态环境建设的先进技术与模式；开展双边合作与交流；积极争取国际赠款和贷款。⑥加强宣传。提高各级政府对生态示范区建设重要性的认识，促使其加强对建设工作的领导；广泛动员社会力量，共同参与生态建设。

（5）生态示范区建设试点申报规范。1995 年国家环保局下发了《生态示范区建设试点申报规范》，对选点、报批材料、报送程序等提出了明确要求。①选点基本要求：一是党委、政府领导重视，有积极性。二是环保机构健全，有较强的组织协调能力。三是有一定基础，在规划、科研、监测和小区域试点等方面做过一些工作。四是有一定的经济实力和较强的生态建设能力。五是具有一定代表性、先进性和可操作性。代表性指生态建设的典型意义，先进性指规划内容合理、技术先进，具有广泛的推广意义，可操作性指示范区项目因地制宜、切实可行，经过努力能达标验收。②报批材料要求：约 1 000 字，包括自然社会环境概况、项目主要内容及步骤、保障条件及可行性措施的简明扼要且能说明问题的生态示范区建设报告。③报送程序要求：需有县市政府的申请报告和省环保局的审查意见。

（6）生态示范区建设规划编制。为便于地方编制生态示范区建设规划，1996 年国家环保局下发了《生态示范区建设规划编制导则（试行）》，对编制生态示范区规划的基本原则、规划目标、技术路线、结构框架以及规划的下达、论证、批准和备案作了规定。①基本原则：编制生态示范区建设规划必须贯彻可持续发展原则，与经济社会发展规划相协调原则，集约经济增长原则和因地制宜原则。②规划目标：生态示范区建设规划目标中的经济发展要求，需发挥地缘优势，依靠科技进步，强化集约经营，优化产业结构，合理利用各种资源，增强经济调节能力，促进区域经济持续、快速、健康发展。规划目标中生态环境保护要求，污染物排放需符合总量控制要求，水和大气环境质量优于相邻地区，重要的自然生态区域和生物多样性得到有效保护。退化生态区得到恢复治理。生态系统活力、抗灾能力、生物生产能力和自然资源与环境质量对经济社会发展的支撑能力明显增强。规划目标中的社会发展，要求村镇面貌明显改善，社区布局结构合理，基础设施完善，综合服务功能较强，环境优美、舒适，社区文化发达，信息渠道畅通，人与自然和谐相处。③技术路线：生态示范区建设规划应在调查研究的基础上，经过分析论证、系统评估、方案设计、分解指标、模型推演等步骤予以确定。④框架结构：生态示范区建设规划的框架结构应包括基本情况、指导思想和原则、战略目标和阶段目标、建设指标、主要建设任务、保障措施和实施步骤等部分。⑤规划下达、论证、批准和备案；环境保护部在批准生态示范区建设试点的同时，向试点地区下达编制规划任务。省级环保部门负责辖区内各地区规划的论证工作。试点地区应通过当地人大常委会通过或批准生态示范区建设规划，试点地区政府负责规划的实施，之后报省级环保部门的同时，并报环境保护部备案（一式两份）。

四、农村生态建设

我国高度重视农村环境保护工作，2007 年 11 月，国务院办公厅转发了国家环保总局、国家发展和改革委员会、农业部、建设部、卫生部、水利部、国土资源部、林业局《关于加强农村环境保护工作的意见》（国办发[2007]63 号），2008 年 7 月 24 日，全国农村环境保护电视电话会议在北京召开，中共中央政治局常委、国务院副总理李克强出席会议并作了重要讲话。环保部及各地环保部门积极组织农村生态创建活动，目前开展的与农村环境保护有关的生态创建活动主要有生态省建设、生态市（地、州、盟）建设、生态县（市、区、旗）建设、环境优美乡镇建设、生态村建设、生态农户建设等。这里重点介绍生态县（市、区、旗）建设、环境优美乡镇建设、生态村建设。

1. 生态县（市、区、旗）建设

我国生态县（市、区、旗）创建活动始于 2003 年，为了进一步深化生态示范区建设，努力实现全面建设小康社会奋斗目标，推动整个社会走上生产发展、生活富裕、生态良好的文明发展道路，原国家环保总局于 2003 年制定了《生态县、生态市、生态省建设指标（试行）》。海宁、安吉、常熟、张家港等县、市率先开展生态县（市）创建工作。到 2008 年，环保部命名的国家生态县（市、区）已达 11 个，其中生态市有江苏省张家港市、常熟市、昆山市、江阴市、太仓市、山东省荣成市，生态区有上海市闵行区、广东省深圳市盐田区，生态县有浙江省安吉县、北京密云县、延庆县。

2007 年，原国家环保总局对《生态县、生态市、生态省建设指标（试行）》进行了调整，适当降低了生态县（市、区、旗）建设“门槛”，调整后的生态县（市、区、旗）建设指标包括基本条件和建设指标两部分内容。

（1）基本条件部分包括 5 条内容：①制定了《生态县建设规划》，并经县人大审议通过颁布实施。国家有关环境保护法律、法规、制度及地方颁布的各项环保规定、制度得到有效地贯彻执行。②有独立的环保机构。环境保护工作纳入乡镇党委、政府领导班子实绩考核内容，并建立相应的考核机制。③完成上级政府下达的节能减排任务。三年内无较大环境事件，群众反映的各类环境问题得到有效解决。外来入侵物种对生态环境未造成明显影响。④生态环境质量评价指数在全省名列前茅。⑤全县 80%的乡镇达到全国环境优美乡镇考核标准并获命名。

（2）建设指标（见表 6-1）。

表 6-1 国家生态县（市、区）建设指标

	序号	名 称	单位	指标	说明
经济发展	1	农民年人均纯收入 经济发达地区 县级市（区） 县 经济欠发达地区 县级市（区） 县	元/人	 ≥8 000 ≥6 000 ≥6 000 ≥4 500	约束性指标
	2	单位 GDP 能耗	吨标准煤/万元	≤0.9	约束性指标
	3	单位工业增加值新鲜水耗 农业灌溉水有效利用系数	米³/万元	≤20 ≥0.55	约束性指标
	4	主要农产品中有机、绿色及无公害产品种植面积的比重	%	≥60	参考性指标
生态环境保护	5	森林覆盖率 山区 丘陵区 平原地区 高寒区或草原区林草覆盖率	%	 ≥75 ≥45 ≥18 ≥90	约束性指标
	6	受保护地区占国土面积比例 山区及丘陵区 平原地区	%	 ≥20 ≥15	约束性指标
	7	空气环境质量	—	达到功能区标准	约束性指标
	8	水环境质量 近岸海域水环境质量	—	达到功能区标准，且省控以上断面过境河流水质不降低	约束性指标

	序号	名　　称	单位	指标	说明
生态环境保护	9	噪声环境质量	—	达到功能区标准	约束性指标
	10	主要污染物排放强度 化学需氧量（COD） 二氧化硫（SO_2）	千克/万元（GDP）	＜3.5 ＜4.5 且不超过国家总量控制指标	约束性指标
	11	城镇污水集中处理率 工业用水重复率	%	≥80 ≥80	约束性指标
	12	城镇生活垃圾无害化处理率 工业固体废物处置利用率	%	≥90 ≥90 且无危险废物排放	约束性指标
	13	城镇人均公共绿地面积	米^2	≥12	约束性指标
	14	农村生活用能中清洁能源所占比例	%	≥50	参考性指标
	15	秸秆综合利用率	%	≥95	参考性指标
	16	规模化畜禽养殖场粪便综合利用率	%	≥95	约束性指标
	17	化肥施用强度（折纯）	千克/公顷	＜250	参考性指标
	18	集中式饮用水水源水质达标率 村镇饮用水卫生合格率	%	100	约束性指标
	19	农村卫生厕所普及率	%	≥95	参考性指标
	20	环境保护投资占 GDP 的比重	%	≥3.5	约束性指标
社会进步	21	人口自然增长率	‰	符合国家或当地政策	约束性指标
	22	公众对环境的满意率	%	＞95	参考性指标

2. 全国环境优美乡镇建设

2000 年 11 月国务院颁布实施《全国生态环境保护纲要》，提出在全国范围内开展环境优美乡镇创建活动的要求。2002 年，为了进一步落实《全国生态环境保护纲要》，全面实施《国家环境保护“十五”计划》，促进小城镇环境建设，推动农村环保工作，原国家环保局在大量调查研究的基础上，组织制定了《全国环境优美乡镇考核验收规定》，2002 年 7 月 1 日印发了《关于深入开展创建全国环境优美乡镇活动的通知》。各级环保部门积极组织指导符合条件的乡镇申报。2002 年 11 月 20 日，提出了第一批“全国环境优美乡镇”建议名单。到 2007 年年底，原国家环保总局已命名了 425 个全国环境优美乡镇。

根据各地创建“全国环境优美乡镇”中出现的新情况、新问题，国家环保总局于 2007 年对《全国环境优美乡镇考核验收规定（试行）》进行了修订，适当降低了“全国环境优美乡镇”考核指标门槛。修订后的《全国环境优美乡镇考核标准（试行）》规定了全国环境优美乡镇创建的基本条件和考核指标：

（1）基本条件：①领导重视，组织落实，配备专门的环境保护机构或专职环境保护工作人员，建立相应的工作制度。②按照《小城镇环境规划编制导则》，编制或修定乡镇环境规划，并认真实施。③认真贯彻执行环境保护政策和法律法规，乡镇辖区内无滥垦、滥伐、滥采、滥挖现象，无捕杀、销售和食用珍稀野生动物现象，近三年内未发生重大污染事故或重大生态破坏事件。④城镇布局合理，管理有序，街道整洁，环境优美，城镇建设与周围环境协调。⑤镇郊及村庄环境整洁，无“脏乱差”现象。“白色污染”基本得到控制。⑥乡镇环境保护社会氛围浓厚，群众对环境状况满意。

（2）考核指标（见表 6-2）。

表 6-2 全国环境优美乡镇考核指标

考核内容	序号	指标名称		指标值		
				东部	中部	西部
社会经济发展	1	农民人均纯收入/（元/年）		≥4 500	≥3 000	≥2 200
	2	城镇居民人均可支配收入/（元/年）		≥8 000	≥6 500	≥5 000
	3	公共设施完善程度		完善		
	4	城镇建成区自来水普及率/%		≥98		
	5	农村生活饮用水卫生合格率/%		≥90		
	6	城镇卫生厕所建设与管理		达到国家卫生镇有关标准		
城镇建成区环境	7	地表水环境质量		达到环境规划要求		
	8	近岸海域海水水质（只考核沿海乡镇）		达到环境规划要求		
	9	空气环境质量		达到环境规划要求		
	10	声环境质量		达到环境规划要求		
	11	重点工业污染源排放达标率/%		100		
	12	生活垃圾无害化处理率/%		≥90		
	13	生活污水集中处理率/%		≥70		
	14	人均公共绿地面积/（米^2/人）		≥11		
	15	主要道路绿化普及率/%		≥95		
	16	清洁能源普及率/%		≥60		
	17	集中供热率/%（只考核北方城镇）		≥50		
乡镇辖区生态环境	18	森林覆盖率/%	山区地区	≥70		
			丘陵地区	≥40		
			平原地区	≥10		
	19	农田林网化率/%（只考核平原地区）	南方	≥70		
			北方	≥85		
	20	草原载畜量（亩/羊，只考核草原地区）		符合国家不同类型草地相关标准		
	21	水土流失治理度/%		≥70		
	22	农用化肥施用强度/（公斤/公顷，折纯）		≤280		
	23	主要农产品农药残留合格率/%		≥85		
	24	规模化畜禽养殖场粪便综合利用率/%		≥90		
	25	规模化畜禽养殖场污水排放达标率/%		≥75		
	26	农作物秸秆综合利用率/%		≥95		

3. 全国生态村建设

为了把农村环境保护工作落实到村庄，在不断总结部分省、市、区生态村创建活动经验的基础上，国家环保总局于 2006 年 12 月颁布实施《国家级生态村创建标准（试行）》（环发[2006]192 号），至此，国家级生态村、省级生态村、市级生态村、县级生态村创建活动在全国范围内普遍展开。《国家级生态村创建标准（试行）》规定了国家级生态村创建的基本条件和考核指标：

（1）基本条件：①制定了符合区域环境规划总体要求的生态村建设规划，规划科学，布局合理、村容整洁，宅边路旁绿化，水清气洁。②村民能自觉遵守环保法律法规，具有自觉保护环境的意识，近三年内没有发生环境污染事故和生态破坏事件。③经济发展符合国家的产业政策和环保政策。④有村规民约和环保宣传设施，倡导生态文明。

（2）考核指标（见表 6-3）。

表 6-3 国家级生态村考核指标

指标名称		东部	中部	西部
经济水平	1．村民人均年纯收入/（元/人·年）	≥8 000	≥6 000	≥4 000
环境卫生	2．饮用水卫生合格率/%	≥95	≥95	≥95
	3．户用卫生厕所普及率/%	100	≥90	≥80
污染控制	4．生活垃圾定点存放清运率/%	100	100	100
	无害化处理率/%	100	≥90	≥80
	5．生活污水处理率/%	≥90	≥80	≥70
	6．工业污染物排放达标率/%	100	100	100
资源保护与利用	7．清洁能源普及率/%	≥90	≥80	≥70
	8．农膜回收率/%	≥90	≥85	≥80
	9．农作物秸秆综合利用率/%	≥90	≥80	≥70
	10．规模化畜禽养殖废弃物综合利用率/%	100	≥90	≥80

指　标　名　称		东部	中部	西部
可持续发展	11．绿化覆盖率/%	高于全县平均水平		
	12．无公害、绿色、有机农产品基地比例/%	≥50	≥50	≥50
	13．农药化肥平均施用量	低于全县平均水平		
	14．农田土壤有机质含量	逐年上升		
公众参与	15．村民对环境状况满意率/%	≥95	≥95	≥95

根据《国家级生态村创建标准（试行）》，经各省、市、区环保部门的推荐，经专家评审，环境保护部于 2008 年 4 月 30 日下发《关于命名第七批全国环境优美乡镇和第一批国家级生态村的决定》（环发[2008]21 号），命名上海市闵行区旗忠村、崇明县前卫村，山西省长治县永丰村，辽宁省海城市王家村，吉林省安图县红旗村，浙江省奉化市滕头村、台州市方林村，江苏省常熟市蒋巷村、昆山市大唐村，安徽省马鞍山市三杨村，江西省浮梁县瑶里村，山东省济南市艾家村，河南省临颍县南街村，湖北省宜都市袁家榜村，广西壮族自治区武鸣县濑琶村，广东省佛山市罗南村、广州市小洲村，海南省琼海市文屯村，四川省成都市红砂村、郫县农科村，云南省富源县富村，甘肃省临泽县芦湾村，宁夏回族自治区吴忠市塔湾村，新疆维吾尔自治区呼图壁县五工台村等 24 个村为我国第一批国家级生态村。

生态村创建活动贴近农村和农民群众，是农民群众看得见、摸得着，让农民群众实实在在受益的环境保护实践，受到农民群众的普遍欢迎，农民参与热情高涨，在各级环保部门的指导下，省级生态村、市级生态村、县级生态村不断涌现，截至 2007 年年底，部分省、市、区命名的省（市、区）级生态文明村有：北京市 381 个、天津市 464 个、河北省达到省级生态村标准的 12 294 个、山西省 233 个、黑龙江省 100 个、辽宁省 400 个、浙江省创建县级以上生态村 3 999 个、安徽省 215 个、山东省 1 200 个、河南省 94 个（另有市级 620 个）、广西壮族自治区 600 个、海南省 7 774 个、四川省 150 个（另有生态家园 2 970 户）。

从农村环境保护实践情况看，生态建设是个有效抓手。农村环境保护工作涉及面较广，从环境污染和生态破坏两个方面看，生态破坏相对较为突出。从生态建设入手，可以有效避免农村环保工作重蹈先污染后治理的覆辙。从我国目前现有的生态技术水平看，可以有效支撑相对落后的村庄建设生态文明。所以，多数农村可以在各级政府的支持下，利用现有的生态技术，组织农民群众积极开展生态文明创建活动。

第三节　农村环境管理

一、农村环境管理的现状

从我国农村环境保护实际情况看，环境行政管理力量薄弱，有许多县级环保部门没有开展农村环保工作，多数乡镇没有设立环保部门和专职环保人员（见表 6-4），绝大多数村民自治组织中没有负责环保工作的干部，多数群众环境知识缺乏、环境意识淡薄。

表 6-4　乡镇环保系统机构数及实有人数

年份	乡镇环保系统机构数/个	乡镇环保系统实有人数/人
2000	1 883	3 121
2005	1 469	4 487
2007	1 573	4 970
2008	1 525	5 371

注：表中数据引自《中国环境年鉴 2009》。

农村环保立法相对滞后，尽管在各类生态、环境保护、污染防治等法规中都有农村环境保护的相关内容，但可操作性不强，对许多问题缺乏系统性的规定，弱化了农村环境的法律保障功能。

经济手段在农村环境保护中效果不明显，逐年加大的国家和各级政府的环保投入基本上保障了城市需要，很少投向农村，村民自治组织集体经济力量薄弱，没有能力搞环保，导致农村环保基础设施基本上处于空白状态。加上农村环保技术手段落后，目前尚没有农村环境质量监测数据、也没有农村环境质量和污染物排放标准。“垃圾靠风刮，污水靠蒸发”，环保咨询无处问，环保投诉无人管，是农村环保尴尬局面的生动写照。所以农村环境管理亟待加强。

目前，我国农村环境管理概念尚未形成公认的文字表述，随着农村环境污染和生态破坏等环境问题的严重化发展趋势，农村环境保护已引起党和国家及社会各界有识之士的高度关注，在国内外环保风潮的影响下，部分农村地区在各级环保部门的指导下，采取了一系列污染防治措施，部分地区农村环境管理也开始从无到有地逐步开展工作。

二、农村环境管理手段

农村环境管理涉及面广、管理难度大，需要综合运用行政、法律、经济、科技和教育等多种手段。

（1）行政手段是指国家和地方政府有关部门，根据法律、法规所赋予的组织和管理职能，依法对农村环境资源保护工作行使政策、规章、规划、计划和决策的组织制定和管理；定期或不定期地向同级政府或上级环境行政管理部门报告工作，对贯彻国家和地方政府的环保方针、政策提出具体意见和建议；运用行政权力对某些区域和事项采取特定的行政措施，如将某些地区划为自然保护区或重点治理区，对重点企业发放排污行政许可，审批环境影响报告，对污染危害严重的乡镇企业下达限期治理、停产、转产、搬迁令，审批新建、改建、扩建项目的“三同时”设计方案；审批有毒有害化学品的生产、进口和使用；管理珍稀动植物物种及其进出口贸易等；对重点地区或环境介质污染防治给予必要的技术、资金帮助；通过资金支持和统一命名等措施指导生态保护区及包括生态省

（市、区）、市（州、盟）、县（市、区、旗）、乡（镇）、村在内的各级行政区域的生态创建工作等。行政管理是环保部门常用的手段之一。

（2）法律手段是指各级行政管理部门，根据法律、法规所赋予的职责和权力，代表国家和政府，以国家强制力为后盾，对自然人、法人、机关、社会团体等个人和部门的具体环境行为进行规范性管理的手段。法律手段是环境管理的基本手段或最终手段，具有强制性、权威性和规范性的特征。如依照环境法规和环境标准来处理环境污染和破坏问题，对违反环境法规，污染和破坏环境，危害人体健康的单位或个人给予批评、警告、罚款、责令赔偿损失或协助和配合司法机关对环境犯罪活动进行制裁等。法律手段对环境管理的其他手段来说起着保障和支撑作用，是环境管理中的强制性措施。

（3）经济手段是指各级环境行政管理部门按照国家和各级政府的环境经济政策和法规，运用成本、利润、价格、信贷、利息、税收、保险、收费、罚款和资金支持等经济杠杆来调整与环境相关的各方面的利益关系，规范个人及相关单位与环境相关的经济行为，培育环保市场，以实现人与自然相和谐，经济、社会与环境相统一，最终实现经济社会可持续发展的环境管理手段。环境管理的经济手段不仅具有利益性、间接性和有偿性的特征，而且有宏观、中观和微观等方面的区别。

经济手段在市场经济条件下的环境管理中十分重要。如在宏观方面，国家利用价格、税收、信贷、保险、证券等经济政策来引导和规范各经济行为主体具体经济活动，使其符合环境保护的要求；在中观方面，国家利用绿色证券、生态示范资助等经济手段，引导集团、行业或地区发展绿色经济、生态示范产业等，使其符合环境保护的要求；在微观方面，对积极防治污染而在经济上有困难的企业事业单位给予资助，对排放污染物超过国家标准的企业法人按照污染物的种类、数量、浓度征收排污费，对违反规定排污造成严重污染危害的企业法人处以罚款，对排放污染物损害人群健康或给他人造成财产损失的企业法人或个人，责令其对受害者赔偿损失；对废物循环利用企业给予减免税优惠或不收原料费等。另外还有排污权交易和区域性以及资源利用性生态补偿等经济手段。

（4）技术手段是指环境行政管理部门或其他管理者为实现环境保护目标所采取的环境工程、环境监测、环境预测、环境评价、决策分析等强化环境执法监督的技术措施。技术手段种类繁多，如环境质量标准制定技术、环境影响评价技术、大类环境介质污染防治技术、环境政策分析技术、环境质量监测技术、污染损害鉴定技术、清洁生产技术、区域性环境综合整治技术、国际环境技术交流与合作、技术成果推广与管理经验交流等。

（5）农村环境教育是借助教育手段认识环境，了解环境污染与生态破坏等环境问题，获得治理环境污染和破坏以及防止环境新问题产生的知识和技能，以便通过社会成员的共同努力保护人类环境。环境教育的任务：一是使整个社会对人类和环境的相互关系有新的、敏锐的理解。二是通过教育培养出消除污染、保护环境以及维护高质量环境所需要的各种专业人员（中国大百科全书，2009）。环境教育是环境管理不可缺少的手段，有基础教育、专业（门）教育和社会教育等不同类型。基础教育是指在中学、小学、幼儿园进行的环境知识与素质教育；专业（门）教育是指在大学、中专学校及科研院所培养环境管理与科技专门人才的教育或者轮训、培训各级环境管理干部和专业技术人员的教育；社会教育是指利用书报、期刊、电影、广播、电视、互联网、展览会、专题讲座、文艺体育活动、口号、标语、横幅等多种形式向公众传播环境知识和环境保护的意义，宣传党和国家的环保方针、政策、法律、法规等。环境教育是一项战略性管理措施，目的在于提高公众的环境意识和环境科学知识水平，提高公众参与环境管理和环境监督的能力和技术水平。

第四节　农村环境综合整治

2008 年 7 月 24 日，全国农村环境保护工作会议确定我国农村环境保护的主要目标是：到 2010 年，农村饮用水水源地水质有所改善，农业面源污染防治取得一定进展，严重的农村环境健康危害得到有效控制。农村生活污水处理率、生活垃圾处理率、畜禽粪便资源化利用率、测土配方施肥技术覆盖率、低毒高效农药使用率均提高 10%以上。到 2015 年，农村人居环境和生态状况明显改善，农村环境监管能力显著提高。

中共中央政治局常委、国务院副总理李克强在全国农村环境保护工作会议上强调，“农村环境保护，事关广大农民的切身利益，事关全国人民的福祉和整个国家的可持续发展，要全面贯彻党的十七大精神，深入贯彻落实科学发展观，切实把农村环保放到更加重要的战略位置，全面建设资源节约型、环境友好型社会。”

李克强副总理强调了农村环境保护工作的战略地位和做好农村环保工作的重要性。会议确定的农村环境保护主要目标，涉及农村饮用水源改善、农业面源污染防治、农村环境健康危害控制、污水、垃圾处理、畜禽粪便资源化利用、测土配方施肥、低毒高效农药使用等方面内容。可以看出，要完成会议确定的目标任务，必须在农村环境综合整治上做文章。

自 20 世纪 90 年代《中国 21 世纪议程》发布以来，我国农村环境保护工作从“十五小”、“新五小”乡镇企业污染防治开始起步，经历了 90 年代初中期的污染防治、90 年代后期的生态示范建设和目前阶段的农村生态创建和环境综合整治等不同发展阶段。从国家和地方各级政府的投入力度看，农村环境综合整治是国家及地方各级政府在农村环境保护方面投入最大的以奖代补项目。主要有农业部门主导的测土配方施肥项目、以沼气建设为纽带的庭院环境综合整治；水利部门主导的人畜饮水工程；环保部门主导的以奖代补农村环境综合整治项目；建设、卫生等部门主导的农村环境卫生综合整治等。下面重点介绍测土配方施肥、农村沼气建设和农村环境综合整治进展情况。

一、农村测土配方施肥

测土配方施肥是一项有效的农业源污染防治措施。农业部从2005 年组织实施测土配方施肥项目以来，到 2008 年年底，全国累计减少不合理施肥 160 万吨，相当于节约煤炭 500 多万吨；减少二氧化碳排放量 500 多万吨、硝酸盐流失 700 多万吨。

2009 年 9 月 24 日，农业部在湖北省宜昌召开的全国测土配方施肥现场观摩经验交流暨秋冬种工作部署会议介绍，全国测土配方施肥项目实施四年来，项目县（场）从 2005 年 200 个增加到 2009 年的 2 498 个，基本覆盖了所有县级农业行政区，实现了由试点向全面推进的重大转变。2009 年测土配方施肥项目将在粮、棉、油等大宗作物的基础上向果树、蔬菜等经济作物和园艺作物拓展，推广面积将达 10 亿亩，预计将有 1.5 亿农户从中直接受益。

截止到 2008 年年底，全国实施测土配方施肥项目累计采集土壤样品 855.7 万个、植株样品 46.6 万个，分析养分 5 856.5 万项次，建立示范样板 9.4 万个，示范面积 8 763.9 万亩，发放施肥建议卡 2.41 亿份，全国推广测土配方施肥面积达 9 亿亩，免费为 1.2 亿农户提供了测土配方施肥技术服务；参与测土配方施肥的企业达 700 多家，配方肥施用量 1 632 万吨。同时，利用测土配方施肥项目成果，完成了 288 个项目县的耕地地力评价工作。

随着测土配方施肥技术推广的不断深入，测土配方施肥被越来越多的农民所接受，并显示出可观的经济、社会、生态效益。实践证明，测土配方施肥与农民习惯施肥相比，粮食作物一般增产 6%～10%，亩节本增效达到 30 元以上；经济作物增产增收效果更为明显，亩节本增效在 80 元以上。

山东省莱西市 2006 年被农业部确定为测土配方施肥项目试点

县市，3 年来测土配方施肥项目在花生生产上取得了理想的节本增产效果，受到农业部的肯定。目前，莱西市已推广花生测土配方施肥 52.8 万亩，2007 年计划再推广 25 万亩，预计可为农民增收 1 亿多元。

莱西市沽河街道于家寨子村农民于岐义种的花玉-22 号花生亩产 614.17 公斤，而花玉-19 号亩产高达 667.13 公斤，创下青岛花生高产纪录。于岐义（图 6-3）向记者介绍："俺种了 5 亩多花生，亩产 1 200 多斤，比平常每亩多产 400 多斤，这配方施肥真厉害！"

图 6-3　山东省莱西市沽河街道于家寨子村农民于岐义在刨花生

（引自人民网．2009-10-21）

二、农村"一池三改"沼气建设

农村沼气建设把可再生能源技术和高效生态农业技术结合起来，对解决农户炊事用能，改善农民生产、生活条件，促进农业结构调整和农民增收节支，巩固生态环境建设成果具有重要意义。我国十分重视农村沼气建设，早在 1958 年，毛泽东同志在武汉、安徽等地视察农村沼气时指出："沼气又能点灯，又能做饭，又能作肥料，要大力发展，要好好推广。”邓小平、江泽民、胡锦涛、温家宝等中央领导都十分重视农村沼气建设。2003 年以来的中央相关文件中都有加强农村沼气建设的内容。发展农村沼气，是贯彻落实科学发展观，建设资源节约型和环境友好型社会的重要措施，是全面建设小康社会、推进社会主义新农村建设的重要手段，是构建和谐农村的有效途径。

1．大力发展农村沼气可有效优化农村能源结构

沼气是可再生的清洁能源，既可替代秸秆、薪柴等传统生物质能源，也可替代煤炭等商品能源，而且能源效率明显高于秸秆、薪柴、煤炭等。建设一个 8 立方米的户用沼气池，年均产沼气 385 立方米，相当于替代 605 公斤标准煤，可解决 3～5 口之家一年 80%的生活燃料。一个年存栏 1 万头育肥猪场大中型沼气工程，一年可处理鲜粪 7 200 吨左右，生产沼气约 55 万立方米，给居民供气相当于每年可替代 850 吨标准煤。

2．大力发展农村沼气可以有效保护林草植被

一个户用沼气池所生产的沼气，每年平均可替代薪柴和秸秆 1.5 吨左右，相当于 3.5 亩林地的年生物蓄积量，同时还可减少 2 吨二氧化碳的排放。2005 年 1 800 万户沼气池，约相当于保护了 6 300 万亩林草地。

3．大力发展农村沼气可以有效改善农村环境卫生

发展农村沼气，推行“一池三改”（建沼气池带动改圈、改厕、改厨），建设生态家园，猪进圈、粪进池、沼渣沼液进田，居家环境和卫生状况大为改观，厨房无炊烟，厕所无臭气，农民生活环境明显改善。据三亚市典型调查，凡集中连片发展农村沼气的地方，年户均节省劳动力 60 个工日，蚊虫减少 70%以上，农民消化系统疾病发病率减少 10%以上，村容整洁，环境优美，促进了农

民传统生活方式的改变，使广大农民走向清洁、卫生、健康的生活之路。2005 年四川爆发的人猪链球菌疫情，农村沼气养猪户无一户感染。

4. 大力发展农村沼气可有效改善农产品质量

沼渣、沼液是一种优质高效的有机肥料，富含氮、磷、钾和有机质等，能改善微生态环境，促进土壤结构改良，提高农产品品质。一个 8 立方米的沼气池，年产沼液沼渣 10～15 吨，可满足 2～3 亩无公害瓜菜的用肥需要，可减少 20%以上的农药和化肥施用量。沼液喷洒作物叶面，灭菌杀虫，秧苗肥壮，粮食增产 15%～20%，蔬菜增产 30%～40%。按沼气项目户年均减少燃料、电费、化肥、农药等支出 500 元左右计算，全国 1 800 万个沼气用户，每年可为农民节支 90 亿元。

5. 大力发展农村沼气可有效推动农村循环经济发展

农村沼气将畜牧业发展与种植业发展连接起来，形成了“种植业（饲料）—养殖业（粪便）—沼气池—种植业（优质农产品、饲料）—养殖业”循环发展的农业循环经济基本模式，促进了能量高效转化和物质高效循环。

农村沼气把能源建设、生态建设、环境建设、农民增收连接起来，促进了生产发展和生活文明。农村沼气项目进村入户，好政策真正落实到农民头上，既有经济效益，又有社会和生态效益；既体现了先进生产力，又体现了先进文化和农民群众的根本利益，是惠及广大农民的实事、好事，受到老百姓的普遍欢迎。项目区老百姓说农村沼气是干部群众的“连心池”，是党和政府为“三农”举办的民心工程、德政工程，是“三个代表”重要思想和以人为本的科学发展观在农村的具体体现。江西省赣南农民用楹联称颂：“干部帮扶建成幸福池，综合利用走上小康路”。湖北省恩施自治州农民用标语反映他们的心情：“沼气一进户，小康就起步”。

来自农业部的信息显示，2008 年年底和 2009 年年初中央新增农村沼气投资 80 亿元，带动地方和群众（企业）自筹 175 亿元，安排户用沼气约 360 万户、大中型沼气工程 1 600 多处、沼气服务网点 6 万处。项目建成后年产沼气 17 亿立方米，相当于节约 321 万吨标准煤，可以实现减排二氧化碳 729 万吨。2003 年至 2009 年，中央累计投入资金 190 亿元，支持建设户用沼气 1 406 万户、养殖小区和联户沼气工程 1.3 万处、大中型养殖场沼气工程 1 776 处、乡村沼气服务网点 6.36 万个。

截至目前，全国农村户用沼气已达 3 050 万户，各类农业废弃物沼气处理工程 3.95 万处。农村沼气技术与农业生产技术紧密结合，农村户用沼气从单一的沼气池建设，发展到沼气池与改圈、改厕和改厨同步建设，积极推广北方“四位一体”、南方“猪—沼—果”和西北“五配套”等循环农业[①]发展模式。农业部有关负责人算了一笔账：3 050 万户用沼气和养殖场沼气工程年生产沼气约 122 亿立方米，生产沼肥（沼渣、沼液）约 3.85 亿吨，使用沼气相当于替代 1 850 万吨标准煤，减少排放二氧化碳 4 500 多万吨，替代薪材相当于 1.1 亿亩林地的年蓄积量，每年可为农户直接增收节支 150 亿元（董峻，2009）。

三、农村环境综合整治

农村环境综合整治理念，是在农村环保实践中逐步形成的，综合整治是把环境作为一个有机整体，根据当地的自然条件和群众愿望，按照突出的环境问题产生、发展和危害的各个环节，采取法律、行政、经济和工程技术相结合的综合措施，最大限度地协调人与环

① 循环农业：就是采用循环生产模式的农业。循环农业的特点：减量化（节约资源、减少污染物排放）、再利用、再循环。循环农业可以最大限度地利用进入生产和消费系统的物质和能量，提高经济运行的质量和效益，达到经济发展与资源、环境保护相协调，并符合可持续发展的战略目标。

境的关系，减少人们生产、生活活动对生态的破坏和环境的污染，从而有效地解决农村地区存在的突出环境问题。

目前，环境问题呈现出日益严重化的发展趋势，农村环境保护任务艰巨，形势严峻。2008 年，党中央、国务院为了解决我国农村存在的突出环境问题，适时制定和出台了“以奖促治”政策，并安排 5 亿元中央农村环保专项资金积极推进农村环境综合整治，其中，约 4.5 亿元用于“以奖促治”方式支持 600 个村庄，引导和推动农村环境综合整治工作；约 5 000 万元用于“以奖代补”方式支持的 100 个村镇，促进开展农村生态示范创建工作。解决了一批突出环境问题，使 400 万群众直接受益。

2009 年 2 月 27 日，国务院办公厅转发了环境保护部、财政部、国家发展改革委《关于实行“以奖促治”加快解决突出的农村环境问题的实施方案》（国办发[2009]11 号）。规定“以奖促治”政策重点支持农村饮用水水源地保护、生活污水和垃圾处理、畜禽养殖污染和历史遗留的农村工矿污染治理、农业面源污染和土壤污染防治等与村庄环境质量改善密切相关的整治措施。目标是到 2010 年，集中整治一批环境问题最为突出、当地群众反映最为强烈的村庄，使危害群众健康的环境污染得到有效控制，环境监管能力得到加强，环保意识得到增强。到 2015 年，环境问题突出、严重危害群众健康的村镇基本得到治理，环境监管能力明显加强，环保意识明显提高。

2009 年安排的 10 亿元中央农村环保专项资金，按照“突出重点、注重实效、公开透明、专款专用、强化监管”的原则，重点支持位于水污染防治重点流域、区域以及国家扶贫开发重点县范围内，群众反映强烈、环境问题突出的村庄。同时，为体现规模效应和示范效应，充分发挥专项资金的引导作用，农村环境综合整治项目鼓励存在同一类环境污染问题的连片村庄进行综合治理，鼓励建设多个村庄同时受益的集中环境污染治理设施，鼓励借助城市、城镇公共环保设施提高环境综合整治效果。

在这 10 亿元专项资金中，约 9.2 亿元用于支持 1 200 多个环境问题突出的村庄开展环境综合整治。约 0.8 亿元用于支持 170 多个全国环境优美乡镇、国家级生态村开展生态示范建设，将有超过 900 万群众直接受益，带动各地农村环保投资近 15 亿元。

2009 年专项资金，通过支持湖北、湖南两省“两型”社会试点地区开展农村环境综合整治，积极推动当地“两型”社会建设；通过支持洱海周边村庄分散养殖及生活污染治理难题开展集中整治，将大大削减入湖污染负荷；通过支持辽宁省大伙房水库连片村庄整治项目，探索水源地周边垃圾、污水处理设施共建共享模式；通过支持宁夏移民新农村综合整治项目，配合社会主义新农村建设，为类似地区的生态移民工作探索有效途径（环境保护部，2009）。

第七章　公众环境权益保护

公众环境权益保护对绝大多数人来说是一个相对陌生的概念，对农民群体来说尤其如此。这是由我国所面临的环境权利得不到有效保障，环境义务被普遍忽视的现实情况所决定的。一方面，从城市到农村与发展相伴而生的环境污染和生态破坏等环境问题层出不穷，并日益严重，环境权益受到程度不同的直接或间接的侵权危害的人越来越多；另一方面是公民的环境权益得不到保障，这其中有认识问题，也有投诉渠道不畅，环境侵权案件事实认定和取证困难，法律界定不清，依据不足，环境侵权起诉立案难，审理更难等问题。

比如，农民焚烧农作物秸秆引起的大气烟雾污染，不仅影响城乡居民的身体健康，而且影响公路交通和民用机场飞机起降。这样的大气环境污染事件事实清楚，侵权人是放火焚烧秸秆的农民，并且不止一个，具体是谁很难确定。受危害和受影响的人众多，人呼吸到秸秆烟雾出现头痛、呼吸道感染等症状；公路运输因受烟雾影响，能见度低，易导致交通事故发生；民用机场，航班起降延误，所造成的损失均比较严重，侵权事实清楚。但就是这样各要件齐全，事实清楚的环境侵权案件，受害人投诉无门，法院不敢受理，侵权人逍遥法外。导致各级政府每到夏、秋收获季节，层层签订秸秆禁烧责任状，用尽了各种办法，向群众宣传焚烧秸秆的危害，鼓励资源化利用，严厉处罚，一堆明火，罚款 2 万元人民币，这一数额，对一个普通农民来说是难以承受和承担不起的。但就是这样严格的管理，却仍然是“年年禁烧，年年烧”。与大气污染类似的污染事件，有水污染、土壤污染等，类似的人为污染物只要进入大尺度环境所形成的环境污染事件，一般情况下是很难查出排放污染物的直接责任人。类似的环境侵权事件均是目前尚且难以解决的环境权益保障问题。

第一节　公众环境权益

目前，在我国环境保护实践中，大气环境污染、水环境污染、土壤环境污染、城市环境污染、农田环境污染和村落环境污染等环境污染事件和矿山开采、过度樵采、过度放牧、乱砍滥伐等植被生态破坏事件大量发生，给在这些环境中从事经营活动的相关利益人造成直接或间接的经济损失，如水污染造成的鱼类大量死亡，草地退化影响牧民放牧，盗砍林木使林地经营者的既得利益受到损害，空气污染引起的硅肺病、呼吸道疾病等。均给一定范围内的公众造成直接或间接的环境权益损害，如大气污染对公民健康的影响，植被破坏对大气质量的影响，水环境污染影响公民饮水质量和工农业生产用水安全，城乡生活环境污染引起的“脏乱差”现象对公众生活的影响等。环境污染和生态破坏事件的形成意味着相应的环境权益人的环境权益受到侵害，导致环境权纠纷和诉讼大量发生，对社会稳定和经济发展造成程度不同的影响。

一、环境权与环境权益

环境权是指公民有在良好、适宜环境中生活的权利。20 世纪 50 年代以来，发达国家的环境受到严重污染和破坏，不断出现震惊世界的公害事件，人们为反对肆意污染和损害生活环境，争取过有尊严的、健康的生活而提出环境权的要求（中国大百科全书，2009）。

环境权益，由“环境”和“权益”两部分内容所组成。“环境”一词，我国《环境保护法》第 2 条作了如下界定：“本法所称环境，是指影响人类生存和发展的各种天然的和经过人工改造的自然因素的总体。包括大气、水、海洋、土地、矿藏、草原、野生生物、自然遗迹、人文遗迹、自然保护区、风景名胜区、城市和乡村等。”这一定义综合了环境科学和生态学定义方式的优点，又避免了各自定义的不足，奠定了环境权益的基础。

“权益”是公众对《环境保护法》所规定的“环境”应享有的权利，反过来说，我国《环境保护法》规定的环境受到了污染和破坏，那么，公众依法享有的“环境权益”就受到了损害。环境污染和生态破坏事实的制造者，就侵犯了公众的环境权益，简言之，环境权益就是环境权中的实体权益，包括日照权、清洁空气权、清洁水权、优美景观权等。由此可以看出，环境权益是人的权益，而不是环境的权益；是自然人享有的权益，而不是非自然人（国家、法人）享有的权益；是公众共享的权益，而不是个人独享的权益（邹雄，2007）。姬振海（2009）等人在《环境权益论》一书中，在详细分析环境利益、环境法益和环境权的基础上将环境权益概括为：“社会中各行为主体所享有的对于环境的使用权利和由此产生的相关利益，或者说是人们从环境质量中得到的并受法律保护的福利和效用”。

环境权与环境权益是环境法中的新理论，我国现有法律、法规中尚没有明确的环境权或环境权益的规定，对环境问题的相关规定多是从管理者的角度出发，侧重对环境事务的管理和监督，或从环境义务的角度出发强调公众的环境责任，而忽视了公众环境权益保障方面的内容。

如我国《宪法》第 26 条规定：“国家保护和改善生活环境和生态环境，防治污染和其他公害。国家组织和鼓励植树造林，保护林木。”第 9 条规定：“国家保障自然资源的合理利用，保护珍贵的动物、植物。禁止任何组织或者个人用任何手段侵占或者破坏自然资源。”

《环境保护法》第 6 条规定：“一切单位和个人有权对污染和破坏环境的单位和个人进行检举和控告。”第 7 条规定：“国务院环境保护行政主管部门，对全国环境保护工作实施统一监督管理。”第 11 条第二款规定：“国务院和省、自治区、直辖市人民政府的环境行政主管部门，应当定期发布环境状况公报。”

《环境影响评价法》第 11 条规定："专项规划的编制机关对可能造成不良环境影响并直接涉及公众环境权益的规划，应当在该规划草案报送审批前，举行论证会、听证会，或者采取其他形式，征求有关单位、专家和公众对环境影响报告书草案的意见。但是，国家规定需要保密的情形除外。"第 21 条规定："除国家规定需要保密的情形外，对环境可能造成重大影响、应当编制环境影响报告书的建设项目，建设单位应当在报批建设项目环境影响报告书前，举行论证会、听证会或者采取其他形式，征求有关单位、专家和公众的意见。建设单位报批的环境影响报告书应当附具对有关单位、专家和公众的意见采纳或者不采纳的说明。"

从以上实体法对环境问题的界定看，涉及公众环境权益内容的规定基本没有，《环境影响评价法》中出现了"公众环境权益"的字眼，但只对涉及"公众环境权益"的规划，规定了听取公众意见，没有对采纳公众意见进行明确的强制性界定。

立法的严重滞后，给公众维护和实现自身的参与环境管理和监督等环境权和环境权益造成一定困难。

二、公众的环境义务

在法律赋予公众有在良好、适宜环境中生活的权利的同时，也赋予了保护良好、适宜的生活环境的义务。在有权排除他人破坏这种舒适环境权利的同时，也必须自觉履行保护环境的义务，二者相辅相成不可分割。环境权的一个重要特征就是环境权利和义务的统一。事实上没有义务的权利和没有权利的义务都是不存在的。只有权利和义务两者的有机结合，才能构成公众完整的环境权。环境权利是宪法和法律赋予公众享有良好、适宜环境的可能性，环境义务则是宪法和法律赋予公众保护良好、适宜的生活环境的必要性。

环境权利和环境义务的一致性主要体现在：一是公众必须在享有权利的同时承担义务。二是权利、义务方相互依赖，部分公众享有良好、适宜环境，意味着另一部分公众必须保护和不破坏环境，以彼方义务的付出，换取此方权利的实现。三是公众个人必须履行保护和不破坏环境的义务，才能实现享有良好、适宜环境的权利，如果因自己的不当行为，污染或破坏了环境，首先受到污染和破坏环境危害的仍然是自己，然后才会是他人。环境具有整体性和系统性，具有很强的自生自净能力，自然环境中可供人们利用的资源量却具有一定量的局限性，人们发展生产，利用自然资源，必然对环境造成一定程度的污染和破坏，如果取用度超出了自然的自生自净能力，不仅影响当代人的环境权利，而且还有可能影响下代人或下下代人的环境权利。目前我们面临的环境问题严重化的被动局面，正是我们没有履行好环境保护义务所造成的。

我国《环境保护法》第 6 条规定："一切单位和个人都有保护环境的权利和义务，并有权对污染和破坏环境的单位和个人进行检举和控告。"第 41 条又规定："造成环境危害的，有责任排除危害，并对直接受到损害的单位和个人赔偿损失。"其他如《大气污染防治法》、《噪声污染防治法》、《水污染防治法》、《固体废物污染环境防治法》等法律、法规中也有类似的相关规定，这都确定了公民在享有良好、适宜环境权利的同时，有履行保护环境的责任和义务。我国《民法通则》第 124 条规定："污染环境造成他人损害的，应当依法承担民事责任。"以及"公民享有生命健康权"和"公民的合法财产受法律保护"的规定是保障公民环境权利和义务的民事法律依据。同时，刑法中有关环境犯罪行为的规定，也是公民环境权利和义务的法律保护。

目前，我国法律、法规从实体法到程序法，对公众环境权利义务的规范不足，导致环境权益诉讼缺失，致使许多环境侵权受害者得不到应有的法律救济。

三、公众环境权益的内容

保护农村环境不仅是农村公众的义务，而且是全社会的义务。在环境意识普遍偏低的农村地区大力普及环境知识，唤醒和培养公众的环境权益观念，有利于动员广大群众参与环境保护活动。

1．环境资源利用权

环境资源是指人以外介入生产和消费发挥某种正效用的环境因子。环境是一个相对于人的概念，是人以外的一切事物的总和。土地、水、气候、动植物、矿物等都被称为环境因子，那些介入生产和消费过程并发挥某种正效用的环境因子就是环境资源（中国大百科全书，2009）。

从利用价值看，环境资源既具有经济功能又具有生态功能等多重功能，人类基于生存和发展的需要开发利用环境资源的权利包括土地资源开发利用权、渔业资源捕捞权、野生动物狩猎权、药材资源采挖权、林木资源采伐权、矿产资源探查开采权、草地资源放牧权、水面和空中航线利用权和旅游资源开发利用权等。上述环境资源利用权过去多是从自然资源利用的角度为民商法所调整。

从环境资源的生态功能看，环境权益的享有者有权在适宜的环境中生活，享受利用的是环境资源的能量、美学价值，包括日照权、清洁空气权、清洁水权、优美景观权等。环境权益侵权标准是环境质量，这与其他法律规定的侵权标准不同。

2．环境状况知情权

环境状况知情权，也称信息权，是环境权主体——国民获得本国乃至世界的环境状况、国家的环境管理状况以及自身的环境状况等有关环境信息的权利。每个人都有权知道自己所生活和工作地区的环境质量状况，这是公众参与环境保护、监督环境质量和环境管理的前提，同时也是环境保护国家行动必须履行的民主程序。1992年通过的《里约宣言》[①]第 10 条规定：“环境问题最好在不同层级

---

①《里约宣言》：全称《里约环境与发展宣言》。1992 年在巴西里约热内卢召开的联合国环境与发展大会通过的关于正确处理环境与发展关系的纲领性文件。又称《地球宪章》。它对国际环境法的发展具有重要影响。

公众参与的基础上解决。在国家层面，每个人应获得其社区的有害物质与活动的有关信息，并有机会参与政策规定。国家应通过广泛地提供信息，鼓励和促进公众觉悟与参与。”“人们有权知道环境的真实状态”，这一权力在欧盟的《奥胡斯公约》①和俄罗斯、乌克兰、泰国等国家均在国内法中得到了明确的承认。

公众作为环境权主体在环境信息的收集获取上处于弱势地位，国家及各级政府环境行政管理机关作为环境权的义务主体必须履行披露环境信息的义务。环境信息包括公众信息和个别信息，向全社会发布的环境状况公报、空气质量周、日报等属公共环境信息；根据公众个别要求提供的信息，如个别企业的废气、废水排放数据等。目前，我们还看不到整个农村环境质量状况的信息披露。环保部发布的《全国环境质量状况》仅涉及地表水质状况、环保重点城市空气质量、沙尘天气发生情况、近岸海域海水水质、环保重点城市功能区噪声、生态环境质量和“十一五”规划目标完成情况，没有单列的农村环境质量状况的信息。至今，我国尚没有企业排污信息、环境管理成本信息、有分析和评价的高质量信息披露制度，所以公众的知情权，尤其是农村公众的知情权没有保障。

3. 环境监督权

监督权是指公众有监督国家机关及其工作人员职能职务活动的权利，是公众参政权中的一项重要内容。公众环境监督权是国家赋予公众参与环境监督管理的一项基本的民主权利，环境监督是每一位公民或社会团体都有权参与的监督，是在国家法律许可范围内的监督，是在国家及地方各级政府环境行政管理部门指导下的监督。

---

①《奥胡斯公约》：也即联合国欧洲经济委员会（联合国欧洲经济委员会欧洲经委会是联合国的5 个区域委员会之一。欧洲经委会是来自北美洲、西欧、中欧和东欧的国家以及中亚各国聚会的论坛，共同探讨如何强化经济合作手段）。关于环境事务领域信息使用权、公众参与决策和司法途径的公约。1998 年在丹麦的奥胡斯获得通过。目前有来自 UNECE 地区的 41 个成员国，是目前唯一现有的具有法律约束力的多边环境协定，专门用于解决信息使用权、公众参与和司法途径等问题。

1972年，联合国人类环境会议通过的《人类环境宣言》[①]规定："为了实现这一环境目的，将要求公民和团体以及企业和各级机关承担责任，大家平等地共同努力。各界人士和许多领域中的组织，凭他们有价值的品质和全部行动，将确定未来的世界环境格局。"公众环境监督权的基本原则在这里得到确定。从各国的国内环境立法情况看，公众在环境管理中的主体地位和管理者资格都有详细规定，主要有参与国家环境管理的预测和决策过程；参与环境资源开发利用的国家管理过程和环境保护行政监督；参与环境科学技术的研究开发和推广应用。

我国《环境保护法》第6条规定："一切单位和个人都有保护环境的义务，并有权对污染和破坏环境的单位和个人进行检举和控告。"在大气、水、固体废物、噪声等污染防治法中都对公众监督作了明文规定。从这些规定情况看，可将我国的公众环境监督权归纳为以下几种：

（1）检举和控告权。对污染和破坏环境的行为，每个人都依法拥有检举和控告的权利。可以向当地党委、政府、环境保护部门、有关国家机关、新闻媒体等部门或单位匿名举报或实名举报，实名举报的，相关部门必须在规定时间内回复核查结果。进入司法程序的污染损害赔偿案件，由被告履行举证义务。

（2）建议权。人人都有向当地党委、政府及环境保护行政主管部门提出保护生态环境、防治污染的建议，实名建议时，相关部门必须回复是否采纳。

（3）向新闻媒体反映环境问题权。人人都有向新闻媒体和社会舆论反映环境问题的权利，并享有不受打击报复的权利。

（4）任何团体和个人都有权从保护当地群众现在与将来的生存

---

① 联合国《人类环境会议宣言》又称斯德哥尔摩人类环境会议宣言，简称人类环境宣言。1972年6月16日联合国人类环境会议通过。该宣言是这次会议的主要成果，阐明了与会国和国际组织所取得的七点共同看法和二十六项原则，以鼓舞和指导世界各国人民保护和改善人类环境。

利益出发，监督地方政府的环境立法、环境行政执法和环境司法进程。

4．环境事务参与权

公众参与环境事务是一项程序性权益，主要包括参与环境立法与环境政策的制定、修改等活动；参与环境资源开发利用的环境管理过程以及环境保护制度实施过程；参加环保社团和组织活动；参与环境教育与科学研究、环保技术开发、示范、推广等科普活动。公众参与环境事务表达环境意愿主要有两种机制：

（1）政治权力系统，如人大代表就某项环境问题代表公众提出建议、质询案；政协委员在参政议政会上就环境问题提交提案，在全国人民代表大会和全国政协会议（以下简称“两会”）以及地方“两会”上代表、委员们提交的《建议》、《质询》、《提案》，一般是比较紧急或影响重大的环境问题，国家和地方政府有关部门必须在规定时间内予以书面答复《建议》、《提案》提交人。这种方式影响力大、效果好。

（2）社会组织系统，主要是环保社团或组织、科研院所、新闻媒体、互联网等社会组织和公众个人的建议或申诉等。他们就某项环境问题提建议、向社会散发呼吁书、环境问题重大科研项目研究成果、就某项环境问题的新闻报道、网络披露等。这种方式虽影响小，但社会基础广泛，目前有许多涉及环境污染和生态破坏的大案、要案，都是在新闻媒体干预下得到解决的。

由于环境权益观念在我国社会各阶层中都不是很强，许多公务人员和人大代表、政协委员重经济轻环保的思想倾向程度不同地存在，环境意愿表达和诉求显示不足，所以公众在参与环境事务问题上还有许多限制，一是环境信息渠道不畅。二是对环境意愿表达和诉求重视不够。三是环保技术尤其是生态技术研发力量投入不足，公众参与环境保护技术手段缺乏。四是环境教育与环境知识普及不足，导致整个社会环境意识不强，尤其是环境权益观念淡薄。由于上述种种限制，严重削弱了公众环境事务的参与权。

5. 环境侵害请求权

环境权中所包含的环境侵害请求权，是公民的环境权益受到侵害以后向有关部门请求保护的权利。它既包括对国家环境行政机关的主张权利又包括向司法机关要求保护权利，具体为对行政行为的司法审查、行政复议和国家赔偿的请求权，对他人侵犯公民环境权的损害赔偿请求权和停止不法侵害的请求权等（姬振海，2009）。环境侵害请求权的重要意义在于使环境权成为一项可以通过诉讼或仲裁进行救济的权利，为环境权的实现提供程序性保障。建立在请求权概念基础上的环境侵害救济权是一项程序性权利，是一种新型诉权。

环境侵害请求权的基础是环境侵权行为，而环境侵权行为有着与传统侵权行为不同的特点，环境侵权是指公众个人、法人或者其他组织因污染环境行为已造成或将要造成他人环境权的损害而依法应当承担民事责任的一种特殊侵权行为。如侵权关系双方地位上的不平等性、污染致害过程的不确定性和复杂性、损害后果的潜伏性以及侵害对象的广泛性等，因此使环境责任的承担条件和形式与传统侵权行为有很大的不同（杨华，2007）。在我国的环境政策体系中，环境侵权普遍存在，而建立在环境侵权行为基础上的环境侵害请求权也是存在的，但仅限于环境侵权行为所造成的直接环境损害。

第二节 公众环境权益维护途径

进入 21 世纪以来，随着人们环境意识的普遍提高，环境权益观念开始被部分公众所接受。我国农村的环境污染和生态破坏事件频繁发生，对许多农民群众的生产、生活造成程度不同的影响，使许多农民群众深刻认识到保护环境的紧迫性和重要性。一些受到环境侵权危害的民众，为维护自己的合法环境权益走上了维权的道路，举报、投诉、上访环境违法问题或环境危害事件逐年增多。

但由于我国环境权益保障立法相对滞后和维权知识的欠缺，导致很多环境权益损害事件得不到及时解决，选择正确的维权途径，可帮助农民有效维护自己正当的环境权益。

一、公众环境权益保护的政府责任

1972 年，联合国人类环境会议通过的《人类环境宣言》指出："保护和改善人类环境是关系到全世界各国人民的幸福和经济发展的重要问题，也是全世界各国人民的迫切希望和各国政府的责任。"1992 年联合国环境与发展大会制定的《全球 21 世纪议程》序言中强调："为圆满实施议程，首要的是各国政府要负起责任。"

环境属于典型的公共物品，在使用上具有不可分割性、非竞争性、受益的非排他性和环境侵害行为的"公害性"。人类长期以来没有养成为保护环境而支付费用的习惯，而市场机制又在环境问题上不起作用，所以，保护公众在良好、适宜的环境中生活的权利成了各国、各级政府的主要责任。1992 年，我国制定的《环境与发展十大对策》提出，发达国家"经济靠市场，环保靠政府"的有益经验值得借鉴。

改革开放以来，我国环保事业所取得的一系列成就正是各级政府努力推动的结果。经济的快速发展无疑会带来严重的环境问题，众多发展中国家实行在发展的基础上兼顾环境保护的可持续发展战略，决定了环境保护的国家责任。我国《宪法》第 26 条规定："国家保护和改善生活环境和生态环境，防治污染和其他公害。国家组织和鼓励植树造林，保护林木。"我国《环境保护法》第 7 条规定了国务院及地方各级人民政府的环境保护行政主管部门对本辖区的环境保护工作实施统一监督管理。第 16 条规定："地方各级人民政府，应当对本辖区的环境质量负责，采取措施改善环境质量。"第 17 条规定："各级人民政府对具有代表性的各种类型的自然生态系统区域，珍稀、濒危的野生动植物自然分布区域，重要的水源涵养区域，具有重大科学文化价值的地质构造、著名溶洞和化石分布区，冰川、火山、温泉等自然遗迹，以及人文遗迹、古树名木，应当采取措施加以保护，严禁破坏。”第 20 条规定：“各级人民政府应当加强对农业环境的保护，防治土壤污染、土地沙化、盐渍化、贫瘠化、沼泽化、地面沉降和防治植被破坏、水土流失、水源枯竭、种源灭绝以及其他生态失调现象的发生和发展，推广植物病虫害的综合防治，合理使用化肥、农药及植物生长激素。”以上法律规定明确了各级人民政府的环境质量和自然生态保护责任。国家和地方各级政府为了履行自己的环保责任，可以采用立法、规划、行政管理、经济调节等手段满足和维护公众在良好、适宜的环境中生存、发展的正当环境权益。

1．环境立法

我国现行的环境保护法律体系日益完备，尤其在实体性权益的保护方面，现在有《宪法》、《环境保护法》、《大气污染防治法》、《水污染防治法》、《固体废物污染环境防治法》、《噪声污染防治法》、《野生动植物保护法》、《海洋环境保护法》、《防沙治沙法》、《环境影响评价法》及一系列条例、规章等。尚没有环境权益保障诉讼程序法和农村环境保护方面的法律、法规。上述实体法的许多规定涉及环境权问题，但体现得不够充分。尤其是《宪法》中没有将环境权确认为公民的基本权利。

按照 2002 年制定的《环境影响评价法》第 11 条规定。编制机关应当认真考虑有关单位、专家和公众对环境影响报告书草案的意见，并应当在报送审查的环境影响报告书中附具对意见采纳或者不采纳的说明。“公众环境权益”一词第一次出现在法律条文之中。

2009 年《国家人权行动计划》中提出要强化环境法治，维护公众环境权益。第一次在国家文件中确认公众环境权益，并且把公众环境权益列入基本人权的内容之中。

看来通过立法途径保障公众环境权益是最好的措施之一。一是在《宪法》中将环境权确立为公民的基本权利，有利于为其他部门法的制定和修改提供依据。二是应在部门实体法中规定公民的环境权，如在《民法》、《刑法》中规定环境权的具体内容。这样可为环境权诉讼机制的确立奠定基础，在我国现行诉讼机制中确立“保护公众环境权益”的观念。针对农村环境问题的严峻形势，可制定专门的《农村环境保护法》、条例或者规章。

2. 环境规划

环境规划是人类为协调人与自然的关系，使人与自然相和谐而采取的重要措施。环境规划是为了使环境与经济、社会协调发展，把“经济—社会—环境”作为一个复合生态系统，依据经济规律、社会发展规律、生态规律和地学原理，对其发展变化趋势进行前瞻性研究，从而对人类的经济、社会发展和环境保护活动所做的时间和空间的合理安排。目的在于调控人类自身的活动，减少污染和生态破坏，从而保护人类社会可持续发展所依赖的基础环境。环境规划是实现环境目标管理的基本依据和准绳，是环境保护战略和政策的具体体现，是国民经济和社会发展的重要组成部分（郭怀成，等，2005），当然也是保护公众环境权益的重要手段。

1970 年 3 月，国际公害研讨会发表的《东京决议》，把每个人享有的、不受侵害的环境权利以及现代人应传给后代人富有自然美的环境资源的权利作为基本人权的一项原则，即每个人、每个地区、每个国家都有享受良好、安全适宜的生活环境的权利。这种环境权表现在两个方面：一方面是有享用环境自然生态功能的权利，属于天赋人权（道义上的公众性权利）；另一方面是权利的主体，在法律许可的范围内享有占有或使用自然资源和环境资源，从而获得收益的经济权利，这种权利属于人赋人权。这种环境经济权，要求在享用环境资源的同时又必须履行其保护环境不受损害的义务。保障人们享用环境权和公正地规定享用经济权时所应遵循的义务，就成为环境规划的基本出发点，而环境规划的基本任务应是依据有限的环境资源及其承载能力，对人们的经济和社会活动进行约束，以便协调人与自然的关系。环境规划实质上是一种克服人类经济社会活动和环境保护活动盲目性和主观随意性的科学决策活动（郭怀成，等，2005）。

1972 年，联合国人类环境会议通过的《人类环境宣言》指出："人的定居和城市化工作必须加以规划，以避免对环境的不良影响，并为大家取得社会、经济和环境三方面的最大利益。""必须委托适当的国家机关对国家的环境资源进行规划、管理或监督，以期提高环境质量。" 1992 年联合国环境与发展大会就环境与发展的协调性问题所通过的《21 世纪议程》①成为世界各个国家制定环境战略规划的基本遵循原则。

1982 年，我国首次把环境保护纳入国民经济和社会发展计划内。1983 年，环境保护被确立为我国的一项基本国策，提出了"经济建设、城乡建设和环境保护必须同步规划、同步建设、同步发展，以达到经济效益、社会效益和环境效益的统一"的"三同步"方针。我国《环境保护法》第 4 条规定："国家制定的环境保护规划必须纳入国民经济和社会发展计划。国家采取有利于环境保护的经济政策和措施，使环境保护工作同经济建设和社会发展相协调。" 1995 年，国家环境保护局有关部门，为指导各地的乡镇环境规划，编写出版了《乡镇环境规划指南》。2009 年 8 月 12 日，为了加强对规划的环境影响评价工作，提高规划的科学性，从源头上预防环境污染和生态破坏，促进经济、社会和环境的全面协调可持续发展，国务院颁发了《规划环境影响评价条例》。

农村环境规划是在农村工业化和城镇化过程中防治环境污染与生态破坏的根本措施，是以村域、乡（镇）域和县（市、旗）域环

① 《21 世纪议程》：1992 年联合国环境与发展大会通过的关于全球保护环境和促进经济可持续发展的决议文件。又称《全球行动计划》，着重阐明了人类在环境保护与可持续发展之间必须作出的抉择和行动方案，并对全球环境合作及建立新的伙伴关系提出了原则性意见。

境为对象的综合性环境战略规划，目的在于调控人类自身的活动，减少环境污染和生态破坏，从而保护农民赖以生存和发展的环境。通过制定农村环境规划，可以协调农村经济、社会、环境三者的关系，强化农村环境的宏观控制和管理，把农村环境资源利用限制在合理开发和永续利用的战略目标约束之下。实现农村经济效益、社会效益和环境效益的协调统一。由此可以看出，规划手段是政府保障公众环境权益的有效措施之一。

3. 环境行政管理制度

各级政府环境行政管理部门主要是根据法律授权在管辖区域内发布“保护环境，控制污染物排放和限制生态破坏活动”的法规、命令、指示、规定和通过制定标准、设定目标责任，建立环境影响评价、行政许可、信息公开、限期治理等制度。通过具体的环境行政行为保护环境，防治环境污染和生态破坏，进而保障公众环境权益不受侵害的强制性环境保护行政管理措施。如禁止使用剧毒农药，禁止污染物不达标排放，制定环境质量标准，对污染企业限期整改，对污染损害限期治理和对高污染设备和工艺强制淘汰等。我国环境行政管理手段在控制污染物排放和生态破坏方面成效显著。目前，我国的环境行政管理手段主要有环境标准制度、环境保护目标责任制度、环境影响评价制度、环境行政许可制度、环境监测制度、限期治理制度和环境信息公开制度等。

4. 环境经济调节手段

环境的“公共物品”属性，决定了政府在环境问题上的公众利益代表者和维护者身份，以国家强制力为后盾维护公众环境权益的行政手段，虽然具有解决紧迫性环境问题见效快的优势，但从长远看它与公众趋利避害的行为习惯相矛盾，运用市场经济规则调节和引导公众选择有利于保护环境的行为方式，配合政府实现保护环境，维护公众环境权益的目的，从许多发达国家的成功经验看是个不错的选择。

环境经济手段可以有效避免环境行政措施的短期效应，这一点与环境的自然属性有关，人类要生存，就需要从环境中取得生活资源，人类作用于环境的活动是永无止境的，如何既作用于环境取得物质生活资源，又不使环境受到污染和破坏，关键在于要牢牢把握“取之有度”原则，这个度就是环境容量，也可称为环境的自生自净能力。从这一点看，环境经济手段作为政府引导和调节公众环境行为，尤其是在市场经济条件下，是一项很好的环境保护策略。

所谓的环境经济手段就是政府以利益为导向，经济关系为纽带，制定有利于环境保护的经济调控政策来引导和约束国家、法人、自然人等市场主体的经济活动来实现保护环境，维护公众环境权益的目的。目前，在环保实践中经常采用的经济手段主要有收费制度、补贴制度、押金制度、排污权交易制度、环境税制度、环境责任保险制度、绿色证券制度等。

二、公众环境权益诉讼救济途径

农村公众环境权益也可以称为农民环境权益，保护农村公众环境权益是全社会的责任和义务。前文用了较长篇幅介绍了农村公众环境权益保护的政府责任，我国法律赋予国家环境行政机关及其他相关部门依法保护公众环境权益的权利，所以当公众环境权益受到损害时，一个最直接、最有效的维权途径就是向有关机关投诉，要求这些机关履行职责，责令侵权者停止侵害或赔偿损失。除了政府主导的环境权益行政保护途径外，国家司法机关、企业事业单位、社会团体、公民个人都有保护公众环境权益不受侵害的义务，同样当环境侵权事件发生后，可依法向司法机关提起环境侵权诉讼，诉讼方式是公众环境权益保护的一条重要途径。环境权益诉讼保护机制，因其程序的客观公正性、权利的最后保障性和与行政并行或居于行政之上的权威性在整个环境侵权救济途径中居于最高和不可替代的重要地位。

1. 农民环境侵权诉讼的法律依据

环境权诉讼是一条重要环境侵权救济途径，它以法律的威慑力为后盾制止环境侵权者的侵权行为，并要求其遵守环境保护法律、法规的规定，并对其侵权行为所造成的危害承担相应的行政或民事赔偿责任。

我国《民法通则》第 124 条规定："违反国家保护环境防止污染的规定，污染环境造成他人损害的，应当依法承担民事责任。"这是我国民事实体法中直接规定环境侵权给他人造成损害的，应当依法承担民事责任。

《环境保护法》第 6 条规定："一切单位和个人有权对污染和破坏环境的单位和个人进行检举和控告。"根据这一条规定，不论是否环境侵权案件的受害人，任何单位和个人都有权对污染和破坏环境的单位和个人进行检举和控告。因为环境污染与破坏的原因与后果之间存在着间接性和时间间隔性，污染危害具有漫长的潜伏期，污染危害介质表征具有累积渐发性特征，如空气污染，只有当污染物在空气累积到一定的量或浓度时，才能引起农作物或人体程度不同的致害反应。所以《环境保护法》把对污染和破坏环境的检举和控告权授予了发现污染和破坏行为的任何单位和个人。

《环境保护法》第 40 条规定："当事人对行政处罚决定不服的可以在接到处罚通知之日起 15 日内，向作出处罚决定的机关的上一级机关申请复议；对复议决定不服的，可以在接到复议决定之日起 15 日内，向人民法院起诉。当事人也可以在接到处罚决定之日起 15 日内，直接向人民法院起诉。当事人逾期不申请复议，也不向人民法院起诉，又不履行处罚决定的，由作出处罚决定的机关申请人民法院强制执行。"这一条是针对环境违法案件的当事人，如排放污染物污染环境造成严重危害或滥伐林木破坏植被生态环境的责任人，环保和林业等行政部门对其环境违法行为作出的停止污染物排放或滥伐林木行为，并处一定数额罚款的处罚决定，如果对处罚决定不服或有异议，可在接到行政处罚通知 15 日内向作出处罚决定的机关的上一级机关申请复议，也可以直接向人民法院起诉。如果在接到行政处罚通知后 15 日内，既不申请复议，也不向法院起诉，又不履行行政处罚决定的当事人，则要承担必须履行处罚决定的义务，如拒不履行，作出处罚决定的行政机关可以申请法院强制执行。

在农村环境保护实践中，农民的生产活动多数是直接作用于自然界的劳动行为，如放牧、砍柴、采药、喷施农药、施用化肥、耕种、栽植等活动，劳动对象是自然或半自然环境，由于知识缺乏或信息闭塞，对行政机关作出的禁伐、禁采、禁牧等规定不了解或对违禁活动所造成危害的严重性认识不足等原因，容易被相关机关给予行政处罚。另外一个原因，行政机关人员中，有的执法水平不高，对政策的理解有偏差等，有时作出的处罚决定不客观，当然也有个别人员的滥权行为。对于农民的无知之罪和执法人员的裁量过当或滥权行为都可以通过申请复议或提起诉讼的方式得到妥善解决。这一条规定是在程序上保护当事人的合法权益。

《环境保护法》第 41 条规定："造成环境污染危害的，有责任排除危害，并对直接受到损害的单位或者个人赔偿损失。赔偿责任和赔偿金额的纠纷，可以根据当事人的请求，由环境保护行政主管部门或者其他依照法律规定行使环境监督管理权的部门处理；当事人对处理决定不服的，可以向人民法院起诉。当事人也可以直接向人民法院起诉。完全由于不可抗拒的自然灾害，并经及时采取合理措施，仍然不能避免造成环境污染损害的，免予承担责任。"

这一条规定第一款是实体性的，对污染环境的责任人设定了两项义务：一是排除危害，如随意堆置固体废物所造成的环境危害，责任人必须将这些对环境构成危害的废物进行安全转移或无害化处置。二是赔偿损失，对因污染危害受到损失的单位和个人进行赔偿。

这一条规定的后两款是程序性的，一是赔偿责任的认定和赔偿金额的确定，可以是环保行政主管部门，也可以是人民法院，最终确定权在人民法院。二是不可抗力的免责条款，面对不可抗拒的自然灾害，相关政府及部门必须及时采取合理措施，经过合理处置后仍不能避免造成环境损害的，可免予承担责任；如果在灾害面前，相关部门不采取合理措施，消极应对而造成的环境损害，有关部门是要承担相关责任的。

2002年4月1日起施行的《最高人民法院关于民事诉讼证据的若干规定》第4条第三项规定："因环境污染引起的损害赔偿诉讼，由加害人就法律规定的免责事由及其行为与损害结果之间不存在因果关系承担举证责任。"这一条规定充分考虑到了公众环境权益损害案中，受害民众处于不利地位的客观情况，环境污染事件一方是造成环境污染的企业、事业单位，一方是生活在环境污染地点附近的老百姓，前者处于强势地位，后者处于弱势地位。由于环境污染危害事实的认定和危害程度的确定，需要由专门的技术人员和相关的环境监测、技术鉴定部门来作出，这需要一定的费用，是受害民众承担不了的。只能由环境污染的制造者拿出自己的污染行为与污染危害结果无关的证据，如果拿不出与己无关的证据就要承担相应的责任。这就是环境损害民事赔偿诉讼的举证责任倒置规则。这条规定使在环境侵权诉讼中处于不利地位的环境污染受害群体的环境权益得到有效保障，同时也降低了环境污染受害群体的诉讼成本。

从我国环境权诉讼的司法实践看，由于环境权诉讼在整个诉讼保护机制中是新生事物，已有的实体法和程序法对环境权诉讼的支撑不足，加上环境权诉讼取证难、危害结果认定难等环境权诉讼的特殊性，加上诉讼环境、审判人员环境理论水平等原因，导致环境权诉讼案件受理难、审理更难。从农村环境权诉讼实际情况看，多数地方存在着环境污染和破坏事件，投诉举报难、危害事实认定难、危害损失索赔难等诸多难题，有待尽快解决。

2. 环境权诉讼的模式选择

环境权诉讼，也称环境诉讼，是指公民、法人、其他组织或国家机关依据法律的规定，在行政机关或其他公共权力机构、法人或其他组织及个人的行为有使环境遭受侵害或有侵害之虞时，为维护环境权益而向法院提起诉讼的制度（姬振海，2009）。由于环境权诉讼在我国现有的诉讼机制中的“新生事物”地位，所以不论是实体法，还是程序法都没有严格意义上的界定。

目前，涉及环境权的诉讼面临着如前文所述及的诸多难题，在日益严峻的环境问题面前，是层出不穷的环境权益纠纷，尽管这些越来越多的环境权益纠纷可以通过民间调解、仲裁、行政干预等渠道予以化解，但作为最具权威性和终裁权的环境权诉讼，却是公众环境权益保障的最后一道屏障，不论现有法律有无规定，环境诉讼都是公众选择最多的环境权益救济方式。

我国《环境保护法》在环境权益保障方面既有实体性规定，也有程序性规定，但由于颁布时间较早，远远落后于现在的环境诉讼实践，而在程序法方面，极具特殊性的环境诉讼法，不论是理论研究，还是立法实践均没有实质性突破，所以真正进入诉讼程序的环境权纠纷，不论是公益诉讼还是私益诉讼，只能是依《民事诉讼法》、《刑事诉讼法》和《行政诉讼法》的基本程序和规则进行审理，同时遵循针对环境诉讼的特殊性而规定的特别规则，如“举证倒置”原则，在现行诉讼机制内为环境权益提供救济。所以，先天不足的环境诉讼在公众环境权益保护方面显得格外无力，更有学者直陈，我国目前尚无真正意义上环境权诉讼。环境权诉讼的如此局面决定了公众在环境权益诉讼模式选择上的被动性，除了环境行政诉讼、环境民事诉讼和环境刑事诉讼模式外，别无选择。

（1）通过行政诉讼程序，敦促相关行政机关履行公众环境权益保护职责。我国公众环境权益保护主要依靠各级政府通过行政手段来保障。农村地区，县、乡政府重发展轻环保思想倾向明显，除此之外，滥用职权、地方保护主义等无不在某种程度上损害着公众的环境权益。

2006 年初白洋淀水污染事件（图 7-1），有 8 名官员受到撤职、记过等行政处分。2009 年发生在福建、江西、河南、云南、陕西等省的儿童血铅超标事件，事件背后行政不作为、滥用职权、地方保护主义痕迹昭然若揭。

图 7-1　河北白洋淀部分水域的大量死鱼

（引自 China Foto Press）

当公众环境权益遇到类似上述情况受到严重危害时，可对有关地方政府或行政机关提出行政诉讼，将行政不作为或滥用职权等行为置于司法和社会舆论监督之下，运用行政诉讼手段最大限度地维护公众环境权益。

（2）通过民事诉讼程序，实现环境民事侵权损害赔偿。在我国目前的环保实践中，各地环境行政管理机关是公众环境权益保护的主导力量。但在环境侵权纠纷调处方面，由于种种原因，其公信力受到普遍质疑，尤其是在环境污染损害赔偿方面，《环境保护法》、《水污染防治法》、《固体废物污染防治法》、《大气污染防治法》、《噪声污染防治法》等法律均将环境损害民事赔偿裁决权赋予各级环境行政机关的同时也赋予了各级人民法院，并且把最终裁决权赋予了各级人民法院。各地环境行政管理机关，依靠行政手段处理的环境侵权民事赔偿案件，依法需要有两个前提：一是环境违法。二是造成污染损害。没有环境违法行为的环境污染损害赔偿案件，环境行政管理机关的行政调处就没有法律效率。如取得排污许可的污染物排放造成的环境污染损害赔偿案件，环境权益受害人就只能向法院起诉，选用民事诉讼手段维护环境权益。

（3）通过刑事诉讼程序，追究环境犯罪者的刑事责任，警戒环境犯罪行为，从而保障公众的环境权益。在我国环境侵权维权诉讼实践中，经常会遇到一些污染危害大，性质恶劣的污染环境或破坏生态的大案、要案，在这些案件中的环境侵权当事人凭借头顶的“保护伞”和黑恶势力保护，超标排污，对环境管理部门停产整顿、达标排放等行政通知置若罔闻，所造成的环境污染或破坏危害，有的已远远超出该企业的资产总额，也就是说倾尽涉污企业所能也难消除危害的大案、恶性案件。污染损害在一定数额以内的环境侵权受害者可以拿起法律武器，直接向人民法院提起刑事诉讼，追究侵权者的刑事责任。对污染损害特别巨大的环境侵权案件，公众或者被侵权人都有向有关机关检举控告的权利，可以要求国家公诉机关提起公诉，在追究环境侵权人的刑事责任的同时，附带提起民事赔偿诉讼，充分依靠国家刑罚的威力，震慑犯罪，最大限度地维护公众的环境权益。

在我国农村环境维权实践中，农民首先是把维权希望寄托在环境行政管理部门的行政干预上，一旦发现自己的环境权益受到他人侵害或者发现他人污染和破坏环境的行为时，他们首先想到的救济方式就是向环境行政管理部门举报或控告，希望环保部门出面制止正在发生的侵害或责令侵权人赔偿自己的污染损失。当这种维权希望落空时，他们也会选择诉讼方式，拿起法律武器维护自己或公众的环境权益。在农村，这种维权案例不胜枚举，有把环保部门推上法庭的，也有直接把侵权当事人推上被告席的，更有把侵权当事人绳之以法送入监狱的。

在农村通过诉讼赢得官司的环境诉讼胜诉案例具有很大的说服力和教育意义，可以有效提升农民群众的环境意识和环境维权意识。这有利于农村群众充分发挥保护环境的主体作用，行使环境保护的监督权、参与权，可以有效保护农村生态环境不受污染和破坏危害，使自己的环境权益最大化，通过维护自身权益，来维护公众的环境权益不受侵害。

三、公众环境权益社会救济途径

在农村，农民是环境权益的主体，但农村环境污染和生态破坏危害的不仅是农民，生活在城市的市民同样深受其害。例如，农村森林植被破坏，从森林参与大气的碳氧循环的生态效益看，受影响的应该是包括农民在内的全体社会公众。如今我们所面临的温室效应引起的气候变暖等全球环境问题，有专家指出除温室气体排放增加所造成的影响外，与亚马逊河流域原始森林的过度砍伐有关。热带雨林的消失，将严重影响全人类的生存。为此我们说受农村环境污染和破坏影响的环境权益主体应是社会公众，乃至整个人类社会。农村环境污染和破坏给农民乃至整个社会公众的环境权益造成一定程度的损害，所以，通过保护农村环境而维护社会公众的环境权益，不只是农民的义务和责任，也不仅是各级政府环境保护部门的义务和责任，而且是全体社会公众的义务和责任。只有动员全体社会公众行动起来，通过各种途径，运用各种方式，参与到农村环境保护活动中来，才能最大限度保障公众环境权益不受侵害，也是最有效的公众环境权益保护方式。

但是，从我国公众参与环境保护程度看，并不理想，很多人认识不到环境污染和生态破坏的严重危害性，也有许多人抱有侥幸心理，错误地认为其他地区的环境污染和生态破坏事件影响不到自己的环境权益，尤其是农村地区，有许多老乡抱有“事不关己高高挂起”的处世哲学，只要是污染物进不了自家的责任田或污染不了自己家庭的生活环境，就认为是损害不到自己的环境权益。在几年来的农村环境问题调查中发现，农村“室内现代化，室外‘脏乱差’”现象十分普遍，便是上述心态的客观表现。

随着农村经济的发展，农民生活水平有了明显改善，但与生活水平提高形成强烈反差的是村落环境“脏乱差”现象严重，空气质量和饮用水质量明显下降，食品安全系数降低，高血压、心脑血管、癌症等疾病普遍高发，所有这一切均与环境权益损害有关，当然这也与老乡们的环境知识缺乏和环境意识，尤其是环境权益意识不高或理解不正确有关，他们根本不知道进入任一介质的污染物都会在瞬间加入并参与到大环境循环之中，污染危害因子会向其他环境介质扩散，而进入整个环境系统的危害因子会通过食物链、空气、水等环境介质潜移默化地影响和损害全体公众的环境权益。

所以，保护农村环境，就是保护公众的环境权益，这需要全社会公众的广泛参与，各显神通，通过公众、社会团体、民间组织、企业、事业单位、学校、社区和村民自治组织、新闻媒体等不同成员、不同途径的共同努力，才能有效遏止环境污染和生态破坏的高发势头，从而保护公众环境权益不受侵害。

1. 农民自发式救济途径

环境权益的农民自发式救济途径，也就是农民环境权益的自我保护，也称私力救济，是指环境权益主体在公众环境权益，或自己的环境权益受到正在发生，或已经发生的侵权损害时，在国家行政机关、社会组织和法定程序之外，以权利主体资格介入纠纷的解决，在法律许可的范围内，依靠自身的人格影响力，采取协商、指正、干预的方式，保护公众或者自身环境权益不受侵害或者减少损失的自发救济行为。

农民是农村环境保护最大的受益者，农村生态环境的污染和破坏，是当地群众的生产、生活活动对自然环境的不当作用引起的。以生活环境良好、适宜为标志的环境权益是否能得到保护，关键看农民的环境意识觉醒程度，具有一定环境知识和环境意识的农民，在生产、生活活动中，会时刻注意自己的生产、生活活动对环境可能造成的影响，尽量避免不必要的环境污染和破坏，从而保护自己及公众的环境权益。

但是，在农村环保实践中，农民生产活动的自利性，导致部分群众只顾追求自己的经济利益最大化，而过量采用自然资源或者过量排放污染物，从而对环境造成一定程度的污染和破坏，既损害公众环境权益，也损害了自身的环境权益。这就需要群众之间的互相监督，行使法律赋予的环境保护监督权和参与权，对涉及公众利益或者自身利益的环境侵权行为进行自我救济式的适当干预，以避免或减少污染危害，从而保护公众和自身的环境权益。随着农村环境权益意识的普遍觉醒，发生在农民身边的大量的环境侵权行为，需要依靠广大群众的互相监督，通过自我救济的方式，化解矛盾和纠纷，从而保护公众或者自身环境权益不受或少受侵害。对农村来说，这是一条重要的环境权益自救济途径。

2. 企业、事业单位的自觉救济途径

企业、事业单位在生产经营活动中对保护公众环境权益负有不可推卸的责任和义务。企业单位是以营利为目的经营组织，事业单位是以服务社会为目的非营利组织，包括教学、科研、出版、传媒、网络、金融、市政、规划、咨询、会计、审计等社会行业。企业事业单位的环保责任和义务，来源于其社会成员性质本身固有的社会责任，包括必须遵守法律、法规和党的各项政策，遵守社会公德、职业道德，依法接受国家、社会及公众个人的监督。

从我国污染物排放情况看，进入环境的污染物的绝大部分来自于企业、事业单位，自然资源消耗的绝大部分也是由企业、事业单位完成的。从目前技术条件看，企业要开展生产经营活动，为社会提供生产、生活必需品，不仅要利用自然资源，而且要向自然环境排放污染物；事业单位要开展经营活动不仅影响环境，而且也必然

要向自然环境排放污染物质。利用自然资源和排放污染物质，必然对生态环境造成某种程度上的污染和破坏，但这种生产活动所造成的不可避免的污染和破坏，一定要控制在环境容量范围以内，也就是说在利用资源和排放污染对自然的扰动方面，必须掌握“取之”和“弃之”有度，否则，就会有资源耗竭和环境严重污染之虞，会对人类的生存环境造成威胁。

从目前我国环境污染情况看，企业、事业单位的“三废”排放是主要污染源，部分企业为了自身利益，忽视其应尽的社会责任，超标排放污染，过度开采自然资源，对环境造成严重的污染和破坏，恶意侵犯公众环境权益的现象较为普遍。这种由“自利性”引起的环境污染和生态破坏，需要国家、社会公众的有效监督，也需要有一大批有责任意识和素质高的企业、事业经营管理人员，自觉履行社会责任和义务，改进生产工艺，减少资源浪费和污染物排放，从而保护公众环境权益不受侵犯。尤其是工艺相对落后的乡镇企业，更应如此。企业、事业单位的环保努力表现，可以最大限度地保护公众环境权益，是一条内生性的，最佳的环境侵权救济途径。

3. 民间机构的参与式救济途径

我国《宪法》赋予公民有结社的权利。自 20 世纪 80 年代以来，在改革开放政策影响下，随着经济的快速发展，我国环境问题严重化趋势日益显现，特别是乡镇企业的异军突起，使环境污染向农村急剧蔓延，生态形势也急剧恶化，环境问题开始成为制约经济社会发展的重要因素，从而引起党和政府及社会各界的高度重视。1978 年，由政府部门发起成立的第一家环保民间组织——中国环境科学学会成立。之后，社会环保组织等民间机构雨后春笋般地迅速发展壮大，截至 2005 年底，我国环保民间组织发展到 2 768 家，总人数 22.4 万人，其中由政府部门组建的占 49.9%，由民间自发组织的占 7.2%，学生环保社团及其联合体占 40.3%，港澳台及国际环保民间组织驻大陆机构占 2.6%（姬振海，2009），各类环保民间机构，尤其是 NGO（非营利、非政府和志愿公益性民间组织）通过开展环境知识宣传教育活动、推动公众参与环保活动、开展环保技术科学研究、资助环保项目和提供环保咨询等活动，成为公众参与环境保护，维护公众环境权益的一条重要救济途径。2009 年 7 月 6 日，江苏省无锡市中级人民法院下达受理案件通知书，正式对中华环保联合会诉江苏江阴港集装箱有限公司环境污染侵权纠纷案立案审理。这一被称为“环保社团组织环境公益诉讼第一案”，意味着我国由环保社团作为原告主体的环境公益诉讼全面启动。这一事件被《第一财经日报》“环境周刊”评为“2009 年中国十大环境新闻”之一。

4. 村民委员会的自组织式救济途径

村民委员会是我国农村地区依照《村民委员会组织法》成立的村民自我管理、自我教育、自我服务的基层群众自治性组织。由村民选举产生的村民委员会是农村环境保护的组织者，全体村民是农村环境保护的参与者，村民委员会和村民个人都是农村环境权益的主体，都有保护环境，防治污染的责任和义务。在我国农村环保实践中，凡是组织健全，领导有力的村委会，都有很强的组织协调能力，包括环境保护在内的各项工作均走在地区前列。所以，在村民环境权益保护方面，村民委员会的自组织式救济是一条理想的环境权益保障途径。调查发现，凡是组织健全，领导能力强的村委会，村落环境保护工作做得都比较好，村民环境权益同时得到有效保障；凡是组织不健全，领导能力弱的村委会，村落环境“脏乱差”现象均较严重，村民环境权益也得不到保障。为此，农村环境权益保护应高度重视村民委员会的作用。

5. 新闻媒体的介入式救济途径

新闻媒体在农村环境保护方面肩负着宣传国家环境保护法律、法规和基本政策、普及环境知识的重要任务，同时在参与环境管理与监督、维护公众环境权益等方面也发挥着极其重要的作用。在我国农村发生的重大污染事故中，新闻媒体的曝光，跟踪监督处理结果，维护受害群众的环境权益等方面发挥了重要作用，如 2006 年，内蒙古自治区托克托县“政府护污”事件，白洋淀水污染事件以及众多因污染所致的癌症村；2009 年陕西、湖南、福建、山西、内蒙古、云南、河南、甘肃、青海、宁夏等省区的铅、镉等重金属污染事件中，新闻媒体成为公众了解污染事件及处理结果的主要渠道。在农村众多的环境侵权事件中，只要有新闻媒体介入，环境侵权行为就会被暴露在公众监督之下，容易引起各级党委和政府的重视，从而有利于问题的解决。新闻媒体同时也是农民环境侵权案件首选的报告对象之一。

四、公众环境权益保护国际合作途径

20 世纪 50 年代以来，在第三次科技革命所形成的巨大的生产力推动下，世界工业生产能力迅速扩张，人类征服自然的能力也达到了前所未有的高度，以物质财富增长为核心，以经济增长为唯一目标的近代无限增长观，在以国民生产总值作为国民经济统计体系的核心，并作为评价经济福利的综合指标和衡量国民生活水准的象征的凯恩斯主义经济学的推动下，国际上出现了对国民生产总值和经济高速增长目标的狂热追逐，环境污染、生态破坏和资源短缺等全球性环境问题不断加剧，当时发生在工业发达国家的“八大公害事件”向狂热追逐经济无限增长的人们敲响了警钟，随着罗马俱乐部《增长的极限》和蕾切尔·卡逊《寂静的春天》的发表，唤醒了世人的环境意识。1972 年《人类环境宣言》、1987 年《我们共同的未来》和 1992 年《21 世纪议程》的发表，催生了可持续发展时代的到来，国际环境合作也随之进入了前所未有的新时代。

1. 通过国际贸易途径保护农村公众的环境权益

进入 21 世纪以来，我国成功加入世界贸易组织，有效推动了我国农产品国际贸易的发展，贸易额呈现出快速增长趋势。2007 年，农产品进出口贸易总额775.7亿美元，比2006年增长23.1%；其中，农产品出口额366亿美元，比2006年增长17.9%；农产品进口额409.7亿美元，比2006年增长28.1%，农产品进出口贸易逆差由2006年的9.6亿美元扩大到43.7亿美元（中国社会科学院农村发展研究所，等，2008）。农产品国际贸易是农民增加收入的重要来源之一。随着中国国际地位的上升，我国农产品国际贸易将更加活跃，如何在农产品国际贸易中实现经济效益的同时，有效保护农民的环境权益需要引起各级政府、进出口单位和农民群众的高度重视，不能只顾经济效益而忽视农民的环境权益。

农产品国际贸易对公众环境权益的影响主要表现在进口农产品农药、重金属残留超标和转基因农产品可能给公众健康带来的影响。另外在农药、化肥等农业生产资料进口方面应重视剧毒成分、重金属含量可能给农业生态环境造成的危害，应加强检验、检疫工作，避免不符合我国农产品进口规定要求的农产品种类、农业生产资料种类和可能携带的有害生物借农产品贸易渠道进入国境。据不完全统计，目前外来生物入侵给我国造成的农业、林业等产业损失每年在500亿元人民币左右。湖北等地作为饲料引入的转基因水稻可能引起的危害还正在评估之中，但这种转基因饲料必将通过食物链，最终对人体健康造成一定影响。所以农村群众在引入外来生物时不能只顾经济效益而忽视其可能给公众环境权益带来的危害。

目前，贸易与环境必须协调发展已成为人们的共识，我国政府有关部门在制定或加入国际贸易协议时，必须充分考虑环境因素，把本国公众的环境权益保护问题作为重要内容，避免通过贸易途径危害公众的环境权益。现在国际上制定的环境协议虽仍以保护环境为最终目的，但也涉及大量的贸易问题，其中有20多个多边环境协议包含有贸易条款。世界贸易组织也将与贸易有关的环境问题纳入自己的框架。世界环境组织在推动各国缔结环境协议的同时，也注意到运用贸易对环境保护的积极作用。多边环境协议和WTO规则在可持续发展理论的基础上出现良性互动局面。

2. 通过加入国际环境条约保护农民环境权益

目前，国际上已签订的多边环境协议多达 200 多个，内容涵盖了环境保护的各个部门和方面，包括生物多样性、大气、海洋、土地、森林、化学品管理和垃圾等有毒有害废物等。

如 1994 年《联合国防治荒漠化公约》，明确了国家对自然资源的主权权利和各国政府在防治干旱和荒漠化中的关键作用，目的在于通过国际合作保护土地生产力和防治荒漠化，实现可持续发展。

对农产品贸易影响较大的多边环境协议有：《关于在国际贸易中对某些危险化学品和农药采用事先知情同意程序的鹿特丹公约》《关于持久性有机污染物的斯德哥尔摩公约》等，目的在于限制不能安全管理的化学品、农药和某些持久性有机污染物的国际贸易。另外世界贸易组织的有些协议，如《马拉喀什建立世界贸易组织协定》、《农业协定》、《实施卫生与植物卫生措施协定》、《技术性贸易壁垒协议》等均直接、间接涉及环境问题。

所有公约和指导性文件，从不同角度对全球环境保护、国际贸易以及人类环境权益的内容、程序及相关制度等进行了规定，是国际社会环境权益保障的法律依据，我国通过签字加入的方式，履行公约、条约规定的权利和义务，最大限度地保护包括农民在内的全体公民的环境权益。

3. 通过参加国际环境合作组织的途径保护农民环境权益

参加国际环境合作组织是有效保护农民环境权益的重要途径之一。目前，国际组织有政府间组织和非政府间组织，政府间国际组织主要有联合国及其所属机构，世界贸易组织（WTO）和国际金融机构等；非政府间组织主要有世界自然保护联盟、世界野生生物基金会和绿色和平组织等。

第三节　清洁生产与绿色消费

有效保护农民环境权益，必须防治农村环境污染和生态破坏。由于大气、水、土壤、植被等自然环境介质的特殊性，污染物一旦进入环境，在目前技术条件下，尚没有理想的人工净化方法。一般情况下，是依靠环境的自净能力，经过漫长时间的一系列物理、化学过程将污染物分解转化，使自然环境恢复到被污染前的状态。

防治农村环境污染最有效的办法是从生产环节入手，在人类作用于自然界的一系列生产、生活活动中，预防污染物的产生或者尽可能减少污染物的产生，而清洁生产的提出，正是人们在饱尝一系列污染危害苦果之后，在污染治理的反复实践中总结出来的污染防治战略措施。

而绿色消费理念的提出，却是人们在生产、生活消费活动中，充分考虑环境保护问题，避免使用非环保产品和可能产生的垃圾等污染物分类回收、循环利用，从消费环节避免或减少环境污染，从而保护人们良好、适宜的生存环境。

有人认为清洁生产强调的是工业生产活动而与农村无关，其实不然，农村是否需要提倡清洁生产，关键看农村环境污染危害是否严重，大家都知道，农村环境污染已是普遍现象，并且呈现出日益严重化的发展趋势。造成农村环境污染的主要原因是农村乡镇企业“三废”排放、农业废弃物、生活垃圾、废水和过量使用化肥、农药等农业生产资料以及缺乏绿色消费理念等。所以，从防治污染和保护农村环境进而保护农民环境权益角度看，只要是产生污染物的生产、生活活动，都应大力提倡清洁生产和绿色消费。

一、农村清洁生产

清洁生产作为农村污染防治的一项战略措施，对改善农村环境，保护农民环境权益，促进农村可持续发展以及加快新农村建设进程来说均具有极其重要的推广价值，对实现全面建设小康社会的战略目标，引导农村走生产发展、生活富裕、生态良好的文明发展道路具有重要的现实意义。

我国《清洁生产促进法》第 3 条规定：“在中华人民共和国领域内，从事生产和服务活动的单位以及从事相关管理活动的部门依照本法规定，组织、实施清洁生产。”这一规定表明，我国的清洁生产制度适用范围包括全部生产和服务领域的单位和从事相关管理活动的部门。显然清洁生产不仅适用于工业生产活动，而且适用于农业、建筑业、服务业等领域。

《清洁生产促进法》第 22 条规定：“农业生产者应当科学地使用化肥、农药、农用薄膜和饲料添加剂，改进种植和养殖技术，实现农产品的优质、无害和农业生产废物的资源化，防止农业环境污染。禁止将有毒、有害废物用作肥料或者用于造田。”这一规定涉及农业种植业生产活动中的化肥、农药、农用薄膜的科学使用和农业养殖业生产活动中饲料添加剂的科学使用，以及实现农产品的优质、无害和农业生产废物的资源化问题。并明确禁止将有毒、有害废物用作肥料或者用于造田。

从农村环境污染形势看，工业源污染、农业源污染、村落环境垃圾、废水及畜禽粪便污染均比较严重，不仅农民环境权益得不到保护，而且威胁食品安全和人体健康，积极推进清洁生产，可以减少污染物排放量和过量使用农药、化肥、农用薄膜以及安全使用饲料添加剂和妥善处理有害废物，有利于保护农村环境和保障农民的环境权益。

二、农村清洁生产实现途径

1. 农村工业清洁生产实现途径

农村工业清洁生产贯穿整个工业生产活动的各个环节，主要包括资源的综合利用，生产工艺和设备，产品设计，废物处理和科学管理等方面。

资源的综合利用是农村工业实现清洁生产的重要途径。综合利用强调对生产原料、材料的构成和组分进行系统分析，根据在现有生产工艺和设备条件下能够利用的程度，制订下料和布料方案，使原材料等资源在生产过程中物尽其用和一物多用，避免不必要的浪费。

改进生产工艺，淘汰落后设备，开发新工艺。简化工序流程，重视连续作业，改进减废工艺，适时调整材料配方，及时更换和淘汰落后设备，用最新技术成果进行优化控制，实行物料的多级利用和循环利用，建立从原料投入到废物回收循环利用的生产闭合圈，通过减少废物发生量来减少废物对环境的危害。

改进产品设计，优化产品结构。由于种种原因，过去的产品设计很少考虑环境因素，如耗油量大的汽车，其排放的氮氧化物会对空气造成污染；含磷洗衣粉对水体的富营养化污染；一些精密度低的生产线造成的噪声污染等，可见在产品设计中考虑污染因素的重要性。有些产品结构设计不合理，系列性因素考虑不足，生产中经常出现“高射炮打蚊子”的大才小用现象，缺乏经济适用的产品生产。同时多数产品缺乏产品包装、流通周转、适意消费、使用便捷，废物利用等因素的周全考虑，工业企业应尽快调整经营思路，适应绿色消费时代需求，用减少和控制产品生命周期全过程污染排放，保护环境，保障公众环境权益的理念，设计结构合理、对环境影响最小、末端处理成本最低的产品。

加强科学管理。应根据清洁生产全过程控制的要求，加强科学管理。调查发现，有很多农民企业家，在多年的经营实践中对管理出效益是深有感触的。也有许多地方政府提出“向管理要效益”的口号。严格岗位责任和操作规程以及产品质量标准，定期对设备检查和维护，消除跑、冒、滴、漏等，可有效提高产品合格率、避免不必要的浪费、降低生产成本，从而使企业取得理想的经济效益和环境效益。

2. 农村养殖业清洁生产实现途径

农村养殖业历史悠久，与传统农业生产方式相适应的散养和圈养式的粗放经营模式已形成习惯。目前，农村养殖业生产存在的较大问题是粪便污染和饲料添加剂的不合理使用。在农村养殖业生产领域推行清洁生产，不论对改善农村环境，还是提高畜禽产品质量都具有重要的意义。

农村养殖业清洁生产实现途径有以下几个关键环节：一是规范畜禽饲舍建设，建设标准化的规模养殖场或养殖小区，实现人畜分离。二是加大畜禽粪便资源化综合利用技术推广普及，因地制宜，采用沼气利用、堆肥利用、饲料利用、食用菌基质化利用等技术途径，实现畜禽粪便资源化。三是科学使用饲料添加剂，禁止使用瘦肉精和违规使用抗生素或重金属超标的饲料添加剂，确保畜禽产品质量安全。四是加强产品全过程管理，及时通风、消毒、避免疫病感染、科学饲养、降低仔畜仔禽淘汰率，提高养殖效率。畜禽养殖业清洁生产可以有效保证肉、蛋、奶等产品质量安全，从而保障人体健康。

3. 农村种植业清洁生产实现途径

目前，农村种植业生产领域存在的突出问题是农业源污染严重，农药、化肥的过量使用，农用地膜残留，污水灌溉引起的重金属超标等对土壤和水环境造成严重的富营养化和重金属污染，导致农作物中农药、硝酸盐、重金属残留超标，危害人体健康。

农业种植业清洁生产实现途径。一是选用优质安全的种质资源，避免使用外来有害物种。二是合理使用农药、化肥，避免过量使用和滥用。三是使用优质农膜，并及时清除，避免残膜污染。四是拒绝使用超标污水灌溉农田，避免重金属污染。五是加强农业废弃物的资源化利用，禁止随意焚烧秸秆。六是加强农作物田间管理，适时耕种，及时收割，避免粮、菜、果、药、棉等落地损失，有效防治农业生产环境和农产品质量污染危害。

4．农村矿山及建筑业清洁生产实现途径

针对矿山开采过程中普遍存在的噪声、粉尘、矿渣、植被破坏等环境问题，矿山清洁生产实现途径主要是采用先进的采矿技术，进行全过程清洁生产控制，改进爆破工艺，实现定向低噪声爆破，减少噪声和粉尘对矿区环境的污染危害；采用先进运输工具，减少矿石运输过程中的不必要损失，降低尾气和噪声排放；避免采富弃贫现象，提高矿产资源开采率；加强废旧矿渣综合利用，尽最大可能减少矿渣占地和废气、重金属污染环境；加强矿山管理，合理规划采掘进度和采挖量，提高矿山综合效益。

针对农村建筑业生产活动中普遍存在的，噪声、粉尘污染和建筑材料浪费及建筑垃圾污染现象，其清洁生产实现途径主要有：合理设计建筑面积和建筑格局，避免盲目追求过高过大的不良建房时尚，房子不宜过大，应以面积够用、功能布局合理，舒适便捷为重，避免不必要的浪费；施工过程中采取有效的降噪、降尘防护措施，为避免对村民休息的干扰，避开村民休息时间施工；按照建筑设计标准，严格质量管理，尽量避免建筑材料的浪费；妥善处理建筑垃圾，避免污染危害等。

三、农村绿色消费

绿色是充满希望的颜色，代表生命和人类生活环境的原色，象征着生态系统和生命的生生不息，与工业污染带来的灰色，草原、农田沙漠化形成的黄色、塑料垃圾、农用地膜碎片污染所形成的白色相对立。绿色在国际上常被理解为生命、节能与环保。

1．绿色消费理念

绿色消费，也称可持续消费，其内容较为宽泛，不仅包括绿色消费理念、绿色产品，而且包括绿色能源、绿色生产以及消费产品过程中产生垃圾的分类回收和对生态环境保护的行为过程，是涵盖消费理念、生产行为、消费行为和垃圾分类回收等方面内容的新消

费形态。简而言之，就是消费者愿意购买对环境有益的绿色产品，并注意对垃圾的分类回收和再利用。

农村绿色消费，就是站在保护农村环境和保障农民环境权益的立场上，在生产、生活活动中自愿消费有益于环境的绿色产品，并能够对消费垃圾进行分类回收和再利用的行为过程。

2. 绿色消费的内容

消费在人类的生产、消费、再生产活动中，居于中间地位。人们在饱尝工业革命和技术进步带来的环境污染与生态破坏的恶果后，为了防治环境污染和生态破坏，保护自己的环境权益，从环境污染最直接的消费环节入手，提倡绿色消费。

绿色消费前向可以影响和催生绿色生产，后向可以影响和催生绿色再生产，即垃圾等废弃物资源化再利用，对遏止环境污染，保障公众环境权益起到了重要作用。

由此可以看出，绿色消费是包括整个人类消费需求在内的一个大系统，精神消费方面有绿色思想、绿色文化等，物质消费方面有绿色能源、绿色生产、绿色食品、绿色服装、绿色经济、绿色建筑、绿色电器、绿色化妆品、绿色社区、绿色交通等。这里从便于大家理解绿色消费对保护环境和保障环境权益的重要性出发，简要介绍绿色产业、绿色经济、绿色食品、绿色服装、绿色建筑和绿色管理等内容。

（1）绿色产业：

是一种资源节约利用和综合利用型产业，是按照生态规律和经济规律相结合的生态经济规律改造传统产业所形成的集约利用资源、生产绿色产品的各产业的总称。农村绿色产业在资源利用上，包括建立以节地、节水为中心的集约化农业生产体系；以节约能源、原材料为中心的农村集约型工业生产体系；以节省运力，减少物质和能源损耗为特征的综合运输体系；以节约利用空间和加强绿化为中心的村镇建设体系；以节约资金、资源为中心的基本建设体系等。

在资源的综合利用上，一是对农田生态系统、森林生态系统、草原生态系统、海洋渔业生态系统、淡水养殖生态系统产出的各种有机物质进行综合采集，综合加工、综合种养、综合增值资源、综合保护环境，避免单一采集利用活动对整个生态系统的破坏。二是对矿产资源，实行主要矿物与伴生、共生矿物的综合探矿、综合采掘、综合开发、综合利用和综合生态建设与环境保护。三是对人类生产和消费过程产生的各种废物，作为再生资源进行综合利用，使之既增加财富又减少污染。

绿色产业是现代多技术支撑的产业，应高度重视智力、信息、技术等资源的综合利用，使之有机结合，有效降低单位产品能源、资源、资金、活劳动消耗，并对生产过程中产生的废料进行资源化再利用，实现经济、生态、社会效益高效统一，从而使经济步入高效、协调、持续发展的轨道（中国大百科全书，2009）。

（2）绿色经济：

是以绿色消费市场为导向，在传统产业经济基础上，以经济与环境的和谐为目标，将环保技术、清洁能源技术、清洁生产工艺、废弃物分类回收、资源化利用和无害化处理等众多有益于环境的技术转化为生产力，并通过与环境有益的经济行为，实现经济可持续发展的一种新的经济形式。

（3）绿色食品：

是对无污染食品的形象表述，是绿色产业产出的对人体健康有利，对生态环境无害的各类食品的总称。我国的绿色食品包括无公害食品和有机食品两大类。

无公害农产品是指产地环境、生产过程、产品质量符合国家有关标准和规范的要求，是经国家指定的检验机构认定的，农药残留等物质的含有量不超过对人体有害浓度，经认证合格，获得认证证书并允许使用无公害农产品标志的农产品及其加工食品的总称。一是产地生态环境质量必须达到农产品安全生产要求。二是必须按照无公害农产品管理部门规定的生产方式进行生产。三是产品必须对人体安全、符合有关卫生标准。四是必须取得无公害农产品管理部门颁发的标志（图 7-2）或证书。

图 7-2　无公害农产品标志

无公害农产品标志图案主要由麦穗、“√”和无公害农产品字样组成，麦穗代表农产品，“√”表示合格，金色寓意成熟和丰收，绿色象征环保和安全。无公害农产品认证的办理机构是农业部农产品质量安全中心，认证为政府行为，不收费。

有机食品是经国家指定的检验机构认定的，全部使用有机肥料和有机农药条件下生产出来的农产品及其加工食品的总称。有机食品比无公害食品的生产更为严格。为了与普通食品相区别，有机食品实行标志（图 7-3）认证和标志商标管理。

图 7-3　有机食品标志

有机食品在生产加工的全过程中，不使用任何人工合成的化肥、农药和添加剂，也不用基因工程生物及其产物，并通过有关颁证组织检测，确认为纯天然、无污染、安全营养的食品，也可称为“生态食品”。有机食品对产地环境和生产过程控制最为严格，要想成为有机食品必须符合以下几个条件：

①原料必须来自有机农业生产体系或采用有机方式采集的野生天然产品。

②产品在整个生产过程中必须严格遵循有机食品的加工、包装、贮藏、运输等要求。

③生产者在有机食品的生产和流通过程中，有完善的跟踪审查体系和完整的生产和销售档案记录。

④要求在整个生产过程中对环境造成的污染和生态破坏影响最小。

⑤必须通过独立的有机食品认证机构的认证审查。

有机食品标志采用人手和叶片为创意元素。我们可以感觉到两种景象：一是一只手向上持着一片绿叶，寓意人类对自然和生命的渴望；二是两只手一上一下握在一起，将绿叶拟人化为自然的手，寓意人类的生存离不开大自然的呵护，人与自然需要和谐美好的生存关系。

绿色食品标准以全程质量控制为核心，实行严格的标志认证规范管理。我国的绿色食品必须符合 20 世纪 90 年代制定的《绿色食品产地环境质量标准》、《AA 级绿色食品认证准则》、6 个《生产绿色食品的生产资料使用准则》（肥料、农药、兽药、水产养殖用药、食品添加剂、饲料添加剂）、七大地理区域 126 种农作物 A 级绿色食品生产操作规程、49 个绿色食品产品标准以及其他相关标准组织的质量标准控制体系要求。

绿色食品标志是遵循可持续发展原则，按照特定生产方式生产的绿色食品，经专门机构认定、许可使用的专用标志，是一种质量证明商标，受《商标法》保护。绿色食品标志图形由三部分组成：上方为太阳，下方为叶片和蓓蕾（图 7-4）。这种由政府授权、专门机构管理的绿色食品标志，是技术手段和法律手段相结合的生产组织和管理行为，不是自发的民间自我保护。成立于 1992 年，隶属于农业部的中国绿色食品发展中心是组织全国绿色食品开发和管理工作的专门机构，1993 年加入“有机农业运动国际联盟（IFOAM）”，1995 年，中国绿色食品协会正式成立。

图 7-4 绿色食品标志

2005 年底，我国绿色食品产品总数达 9 728 个，生产实物总量达 6 300 万吨，产品销售额 1 030 亿元人民币，产地环境监测面积 9 800 万亩，出口创汇 16.2 亿美元（中国大百科全书，2009）。

（4）绿色服装：

符合特定环境保护要求，对生态环境无害或危害极小，对人类生存无害或危害极小，资源利用率最高，能源消耗最低的服装产品或者经过绿色设计的服装产品。也称生态服装、环保服装。绿色服装具有生态循环使用，保护环境和地球、保护人们健康安全的特点。服装或纺织品在形成或穿用过程中都会受到程度不同的污染。如棉、麻等在种植过程中会受到重金属、化肥、农药污染。在纺纱、织布、印染、缝制过程中会受到化学染料中有害成分的污染。浆、洗、熨、烫等防霉、防蛀、防皱处理都会受到程度不同的污染。

1993 年 5 月，中国环保标志产品实施认证的法定权威机构——中国环保标志产品认证委员会（CCEL）成立。1998 年 3 月，国家环保总局发布实施的《本色植物纤维纺织品技术要求标准（HJBZ 30—2000）》规定：产品不得经过印染、有氯漂白处理；不得添加五氯苯酚和 2,3,5,6-四氯苯酚；制定了产品中甲醛、可提取重金属含量及浸出 pH 的限值。1998 年 12 月 CCEL 对用中国天然彩色棉纤维制作的服装及产品进行标准测试，并授予其“环境标志”产品称号。这是我国第一个获得环境标志的绿色服装（中国大百科全书，2009）。

不论是城市还是农村，食品、服装都是人们生活中必不可少的消费品，这类消费品一旦受到污染将直接危害人体健康。一般情况下，服装与食品都是人们主张绿色消费的首选产品。另外如建材、化妆品中的化学有害成分将直接危害人体健康，所以，绿色建材、绿色化妆品也是绿色消费首选产品。

（5）绿色建筑：

在建筑全寿命周期内，除提供安全、健康、舒适、高效的居住、工作空间外，还尽可能节约资源和能源，减少对自然环境污染，较好地对自然作出合乎生态规律回应的建筑，是建筑可持续发展的必然趋势。

绿色建筑追求自然、建筑和人三者之间的和谐统一，要求尽量减少能源、资源消耗，减少对环境的破坏。采用有利于提高居住品质的新技术、新材料，为人类创造健康、舒适、优美、洁净的居住空间。绿色建筑要求选址、布局、规划合理，充分考虑自然通风、采光、出行便利、空气清新、饮水便捷安全，有可供利用的自然能源或再生能源，建筑本身能效利用率高，尽量减少废水、废气和固体废物的排放，并能利用生物技术将其资源化利用或无害化处理，室内各种化学污染物的含量控制在最小允许值范围之内和通风、采光条件良好，尽可能小地影响周围生态环境。

20 世纪 60 年代，美籍意大利建筑师保罗•索勒瑞最早提出“生态建筑”新理念，即绿色建筑。1969 年美国学者麦克哈格在《设计结合自然》一书中论证了人对自然的依存关系，批判了以人为中心的思想，提出了适应自然的原则，对绿色建筑思想的发展产生深远影响。1992 年可持续发展思想提出后，绿色建筑理念得到广泛认同。

20 世纪 90 年代，许多国家研究制定了绿色建筑标准和评估体系。我国 2001 年完成“中国生态住宅技术评估体系”的制定，2003

年又完成了对绿色奥运建筑标准和评估体系的研究，并制定“绿色奥运建筑评估体系”，这两个评估体系的制定，对规范中国绿色建筑健康发展将产生积极影响（中国大百科全书，2009）。

目前，我国大力提倡生态村创建，就是生态环境保护与绿色建筑理念在新农村建设中的具体应用。尽管农村民房建筑远不符合绿色建筑标准要求，但保护环境和保障农民环境权益的理念得到广泛传播，不断涌现出来的园区式新农村规划，均考虑了绿化、采光、通风、用水、用能、出行便捷、废水、废气和固体垃圾的排放处理等内容。

（6）绿色管理：

指在生态与经济协调发展的思想指导下，对经济活动进行的管理。新中国成立以来，我国经济管理经历了 3 个阶段和 3 种经济管理类型：

第一阶段，1978 年以前，实行数量速度型经济管理，特点是粗放经营，立足于外延扩大再生产，片面追求产量和产值，以资源和能源的高消耗来换取经济增长的高速度，忽视经济与生态规律的作用，技术进步慢、生产效率低，自然资源和生态环境污染破坏严重。

第二阶段，1978—1996 年，实行以集约经营为特点的效益型经济管理。把经济增长建立在认识和尊重经济规律作用的基础上，立足于内涵扩大再生产，重视产品质量和经济效益的一种生态与经济相脱离的经济管理类型。

第三阶段，1996 年可持续发展战略实施以来，逐步转向以集约经营和内涵扩大再生产为基础的生态经济效益型的现代经济管理阶段。这种管理模式强调在发展经济的同时保护生态环境。

在现有生态技术条件下，绿色管理在农村工、农业生产中具有广阔的应用空间，许多经营者在生产经营活动中有了环境保护的理念，农业废弃物资源化利用的新方式层出不穷，如畜禽粪便、农作物秸秆等过去是农村环境的主要污染源，而目前在许多地方却变成优质资源，既保护了环境，又提高了经营效益，一举两得。过去大量存在的“三高一低”等高污染企业，也纷纷采取技术改造，更新设备、节约资源、能源，减少污染物排放和废物循环利用，绿色管理理念被越来越多的农村经营者所接受。

3. 绿色消费的建议

从农村环境污染日趋严重化的情况看，大力倡导绿色消费对减少污染物的发生量，保护农村环境，从而保障农民的环境权益具有重要意义。近几年来，假冒伪劣商品充斥农村市场，由于农民收入水平低、鉴别能力差和贪图便宜心理的影响，深受劣质商品的危害。如果让绿色消费理念掌握群众，不仅可有效杜绝假冒伪劣商品，还能将污染危害大的商品淘汰出局，有利于保护农村环境和保障农民的环境权益。

购物和理废是绿色消费过程的两个重要环节。只要人们在购物的时候能够考虑到环保因素，理性选择环保商品，同时将消费垃圾分类回收，就可有效降低环境污染危害。如果环保购物这种绿色消费理念被广大农村群众所接受，将使农民的环境权益得到有效保护。以下建议有助于广大群众的绿色消费：

（1）尽可能购买散装物品，一是可以节约不必要的包装支出。二是可以减少包装物在生产过程的污染排放和不必要的资源浪费。调查发现，农村垃圾中绝大部分是食品塑料包装物。如果能购买散装或简装食品，就可以减少塑料包装物污染。

（2）尽可能购买可循环使用的产品，如纯棉服装、铁、铝、铜、玻璃等制品，不买一次性用品。

（3）尽量购买使用可充电的电池，可避免常规电池中镉、汞等重金属对环境的污染。

（4）视需要尽可能购买二手物品或翻新物品，如购买二手书可以减少造纸污染，还可以节省开支。

（5）尽量购买节水器具，如水流小的淋浴喷头，可以在节约水资源的同时减少家庭水费支出。

（6）尽可能选用节能产品，如选择节能灯泡、节能洗衣机、电视机、空调器、冰箱，或者其他的节能家用电器，节约用电，意味着减少二氧化碳、二氧化硫等有害气体排放，同时节省电费开支。

（7）尽可能选购天然的或低毒等无公害的物品，如购买低毒、无害的清洁产品和利用生物天敌来消灭害虫，避免使用高毒、高残留农药等。

（8）尽量购买质量好、耐用的产品，如选购质量好的轮胎、寿命长的家用电器、质量好的化肥、农药和农用塑料薄膜等，物尽其用，减少污染。

参考文献

[1] 艾雪梅．畜禽养殖业对环境污染的影响力．四川畜牧兽医，2009，36（2）：14-15．

[2] 白寿彝．中国通史（2，21）．上海：上海人民出版社，1999．

[3] 卞有生．生态农业中废弃物的处理与再生利用．北京：化学工业出版社，2000．

[4] 陈静生．环境生物学-环境科学基本知识丛书．北京：中国环境科学出版社，2001．

[5] 陈立民，吴人坚，戴星翼．环境学原理．北京：科学出版社，2003．

[6] 董峻．全国农村沼气建设进展迅速用户已超过 3 000 万户．中国政府网，2009-08-31．

[7] 恩格斯．家庭、私有制和国家的起源．北京：人民出版社，2003．

[8] 郭怀成，尚金城，张天柱．环境规划学．北京：高等教育出版社，2005．

[9] 环境保护部．中国环境年鉴．北京：中国环境年鉴社，2008．

[10] 国家林业局．退耕还林“十五”工作总结．2006，www.forestry.gov.cn．

[11] 国家统计局．中国统计年鉴（2009）．北京：中国统计出版社，2009．

[12] 海热提，王文兴．生态环境评价-规划与管理．北京：中国环境科学出版社，2004．

[13] 韩俊．新农村建设四题．农村经济，2006-01-25．

[14] 杭州市环境保护局，杭州市环境保护宣传教育中心．大气——时时刻刻都离不开的朋友．北京：中国环境科学出版社，2005：11-17，29-40，73-77．

[15] 杭州市环境保护局，杭州市环境保护宣传教育中心．噪声与固体废物的治理．北京：中国环境科学出版社，2005：4-7，30-39．

[16] 侯伟丽. 论农村工业化与环境质量. 经济评论，2004（4）：85-89.
[17] 胡兆量，陈宗兴. 地理环境概论（第 2 版）. 北京：科学出版社，2006.
[18] 环保部. 十亿“以奖促治”助农村环境综合整治. 人民网，2009-07-28.
[19] 姬振海. 环境权益论. 北京：人民出版社，2009.
[20] 姬振海. 生态文明论. 北京：人民出版社，2007.
[21] 姜建军，刘建伟. 矿山环境问题深层次原因分析及对策. 北京：国土资源网，2005-09-20.
[22] 孔繁德. 生态保护概论. 北京：中国环境科学出版社，2002.
[23] 莱斯特 · R. 布朗. 生态经济. 北京：东方出版社，2002.
[24] 李法云，曲向荣，吴龙华. 污染土壤生物修复理论基础与技术. 北京：化学工业出版社，2006.
[25] 林葆，林继雄，李家康. 长期施肥的作物产量和土壤肥力变化. 北京：中国农业科技出版社，1996.
[26] 刘佛丁，王玉茹. 中国近代的市场发育与经济增长. 北京：高等教育出版社，1996.
[27] 刘克祥. 简明中国近代史. 北京：经济科学出版社，2001.
[28] 刘玉水，熊聪茹，张琴. 西南地区石漠化面积 25 年后翻番. 国土资源网，2007-02-12.
[29] 农业部. 关于全面推进水产健康养殖加强水产品质量安全监管的意见（农渔发[2009]5 号），2009-03-12. 中华养殖网，2009.
[30] 农业部. 中国农业统计资料（1995—2004）. 北京：中国农业出版社，2006.
[31] 潘君祥，等. 近代中国国情透视. 上海：上海社会科学院出版社，1992.
[32] 祁俊生. 农业面源污染综合防治技术. 重庆：西南交通大学出版社，2009.
[33] 苏杨. 农村现代化进程中的环境污染问题. 宏观经济管理，2006（2）：50-52.
[34] 孙秀艳. 北京为何面临垃圾围城危机. 人民日报，2009-11-26.
[35] 覃成林，管华. 环境经济学. 北京：科学出版社，2004.
[36] 王焕校. 污染生态学（第二版）. 北京：高等教育出版社，2006.
[37] 王济洲. 绿色证券内容丰富. 金融时报，2008-02-15.

[38] 王捷．外来生物入侵中国每年损失 2 000 亿．中国经济周刊，2009（21）.
[39] 王堃，张英俊，戎郁萍．草地植被恢复技术．北京：中国农业科学技术出版社，2003.
[40] 王玉仓．科学技术史（第 2 版）．北京：中国人民大学出版社，2004.
[41] 魏屹东．当代科技革命与马克思主义．太原：山西科学技术出版社，2003.
[42] 温家宝．2009 年政府工作报告．中央人民政府门户网站，2009-03-06.
[43] 邬沧萍，侯东民．人口资源环境关系史．北京：中国人民大学出版社，2006.
[44] 徐云．绿色新概念．北京：中国科学技术出版社，2004.
[45] 许涤新．中国资本主义发展史．北京：人民出版社，1993：371.
[46] 杨华．环境权诉讼机制完善的思考-环境纠纷处理前沿问题研究——中日韩学者谈．北京：清华大学出版社，2007：212-223.
[47] 杨惠娣．塑料农膜与生态环境保护．北京：化学工业出版社，2000.
[48] 杨志峰，刘静玲．环境科学概论．北京：高等教育出版社，2005.
[49] 尹奇德．环境与生态概论．北京：化学工业出版社，2007.
[50] 张乃明．环境污染与食品安全．北京：化学工业出版社，2007.
[51] 张毅，张颂颂．中国农村工业化与国家工业化．北京：中国农业出版社，2002.
[52] 赵冬缓．新发展经济学教程．北京：中国农业大学出版社，2003.
[53] 中共中央文献研究室．新中国成立以来毛泽东文稿（第 7 册）．北京：中央文献出版社，1992.
[54] 中国大百科全书．北京：中国大百科全书出版社，2009.
[55] 中国农业年鉴编辑委员会．中国农业年鉴．北京：中国农业出版社，1980—2004.
[56] 中国社会科学院农村发展研究所，国家统计局农村社会经济调查司．2005—2006 年中国农村经济形势分析与预测（农村经济绿皮书）．北京：社会科学文献出版社，2006.
[57] 中国社会科学院农村发展研究所，国家统计局农村社会经济调查司．中国农村经济形势分析与预测（2007—2008）．北京：社会科学文献出版社，2008.

[58] 周集体，张爱丽，金若菲. 环境工程概论. 大连：大连理工大学出版社，2007.

[59] 邹雄. 论环境权益. 北京：清华大学出版社，2007.